普通高等教育计算机系列规划教材

大学计算机基础实践指导

（Windows 7 + Office 2010）

张　永　主编

聂　明　主审

电子工业出版社

Publishing House of Electronics Industry

北京 · BEIJING

内 容 简 介

本书对常用计算机的操作实践技能进行了比较详细的介绍。本书可以与《大学计算机基础（Windows 7＋Office 2010）》（张永主编，电子工业出版社出版）主教材配合进行拓展训练，也可以单独使用。全书共 10 章，包括全国计算机等级考试 NCRE 简介、Windows 7 系统下的实用技能、Word 2010 长文档制作技巧、Excel 2010 电子表格制作技巧、PowerPoint 2010 演示文稿制作技巧、信息技术基础典型题目解析、计算机维护实用技术、常用办公设备的使用、常用工具软件的使用、网络空间安全等内容。

本书充分考虑了普通用户的日常需求和实践操作需求，具有较强的实用性。本书可作为高等院校计算机基础类课程的教材，也可供普通读者日常学习使用。

图书在版编目（CIP）数据

大学计算机基础实践指导：Windows 7+Office 2010/张永主编. —北京：电子工业出版社，2017.9
ISBN 978-7-121-32366-9

Ⅰ. ①大…　Ⅱ. ①张…　Ⅲ. ①Windows 操作系统－高等学校－教学参考资料②办公自动化－应用软件－高等学校－教学参考资料　Ⅳ. ①TP316.7②TP317.1

中国版本图书馆 CIP 数据核字（2017）第 176844 号

策划编辑：程超群
责任编辑：程超群
印　　刷：三河市良远印务有限公司
装　　订：三河市良远印务有限公司
出版发行：电子工业出版社
　　　　　北京市海淀区万寿路 173 信箱　邮编　100036
开　　本：787×1 092　1/16　印张：7.5　字数：192 千字
版　　次：2017 年 9 月第 1 版
印　　次：2017 年 9 月第 1 次印刷
定　　价：19.00 元

凡所购买电子工业出版社图书有缺损问题，请向购买书店调换。若书店售缺，请与本社发行部联系，联系及邮购电话：（010）88254888，88258888。

质量投诉请发邮件至 zlts@phei.com.cn，盗版侵权举报请发邮件至 dbqq@phei.com.cn。

本书咨询联系方式：（010）88254577，ccq@phei.com.cn。

前　言

　　信息化应用最常见的体现形式主要是对电子产品的各种操作，以计算机基础操作为代表的信息化应用能力，对于现代社会的普通人来说，已经成为最基础的能力要求之一。在当今社会，每个人的日常生活、工作和学习，都被越来越聪明的电子产品、越来越花样繁多的各种应用（APP）所包围。作为一个普通用户，适应并熟练使用这些新兴技术能让生活丰富多彩，提高做事的效率。

　　只有具有比较扎实的基本功，才能不断跟踪并更好地使用新技术。当你具备良好的基础操作能力时，新的技术就会很容易上手。同时，IT 技术的发展趋势是操作越来越智能，也越来越人性化，将来的电子产品的操作肯定会越来越简单。

　　本书基于 Windows 7 操作平台，着重考虑了在校学生计算机基本能力训练及计算机证书考取的需求，强调以各项实用技能训练为主。本书的编写基于具体的工作任务目标，选取能够实现此目标的比较典型的、容易操作的方法进行介绍。全书内容主要包括全国计算机等级考试 NCRE 简介、Windows 7 操作系统下的典型操作技巧、长文档的文字处理技术、电子表数据处理技巧、演示文稿制作技巧、信息技术基础典型题目解析、计算机实用维护技术、常用办公设备的使用、常用工具软件的应用、网络空间安全等方面的相关知识。

　　本书作为《大学计算机基础（Windows 7 + Office 2010）》（张永主编，电子工业出版社出版）的有效补充，更加强调实践操作能力的培养。本书可作为高等院校计算机基础类课程的教材，也可供普通读者日常学习使用。

　　本书由南京信息职业技术学院张永主编，聂明教授担任主审，参与本书编写的还有南京信息职业技术学院夏平、崔艳春、史律、章春梅、王莉、许丽婷、孙仁鹏等资深一线教师。

　　由于编者水平有限，书中难免存在疏漏之处，恳请读者批评指正。

编　者

目　　录

第1章 全国计算机等级考试 NCRE

1.1 全国计算机等级考试 NCRE 简介

资格证书是证书持有人专业水平能力的证明，可作为求职、就业的凭证和从事特定专业的法定注册凭证。开展职业技能鉴定，对于提高劳动者素质，促进人力资源市场的建设以及深化国有企业改革，培养技术技能型人才，促进经济发展都具有重要意义。

目前国内流行的 IT 考试认证种类比较多，主要有全国计算机等级考试（简称等考）、软件水平考试（简称软考）、职业技能鉴定考试（计算机高新考试）、高校计算机等级考试（CCT）、行业认证（包括微软认证）、国家信息化技术证书、全国信息技术高级人才水平考试（NIEH）认证、北大青鸟 ACCP 认证等。作为在校大学生，全国计算机等级考试（NCRE）和软件水平考试这两种 IT 认证是比较合适的选择，这两种考试对应的费用、难度和社会认可度都比较好，作为非计算机专业的学生，建议首选 NCRE 一级（软考对应的是初级）。

原国家教委（现教育部）考试中心于 1994 年面向社会推出了全国计算机等级考试（National Computer Rank Examination，NCRE），其目的在于以考促学，向社会推广和普及计算机知识，也为用人部门录用和考核工作人员提供一个统一、客观、公正的标准。教育部考试中心负责实施考试，制定有关规章制度，编写考试大纲及相应的辅导材料，命制试卷、答案及评分参考，进行成绩认定，颁发合格证书，研制考试必需的计算机软件，开展考试研究、宣传和评价等。

2013 年 9 月，NCRE 考试执行新版的考试级别/科目，其中一级科目"计算机基础及 MS Office 应用"采用 Windows 7 + Office 2010 考试环境。关于 NCRE 考试概况如表 1-1 所示。

表 1-1　NCRE 级别/科目设置（2013 版）

级　别	科 目 名 称	科 目 代 码	考 试 时 间	考 试 方 式
一级	计算机基础及 WPS Office 应用	14	90 分钟	无纸化
	计算机基础及 MS Office 应用	15	90 分钟	无纸化
	计算机基础及 Photoshop 应用	16	90 分钟	无纸化
二级	C 语言程序设计	24	120 分钟	无纸化
	VB 语言程序设计	26	120 分钟	无纸化
	VFP 数据库程序设计	27	120 分钟	无纸化
	Java 语言程序设计	28	120 分钟	无纸化
	Access 数据库程序设计	29	120 分钟	无纸化
	C++语言程序设计	61	120 分钟	无纸化

续表

级　别	科目名称	科目代码	考试时间	考试方式
二级	MySQL 数据库程序设计	63	120 分钟	无纸化
	Web 程序设计	64	120 分钟	无纸化
	MS Office 高级应用	65	120 分钟	无纸化
三级	网络技术	35	120 分钟	无纸化
	数据库技术	36	120 分钟	无纸化
	软件测试技术	37	120 分钟	无纸化
	信息安全技术	38	120 分钟	无纸化
	嵌入式系统开发技术	39	120 分钟	无纸化
四级	网络工程师	41	90 分钟	无纸化
	数据库工程师	42	90 分钟	无纸化
	软件测试工程师	43	90 分钟	无纸化
	信息安全工程师	44	90 分钟	无纸化
	嵌入式系统开发工程师	45	90 分钟	无纸化

一级：操作技能级。考核计算机基础知识及计算机基本操作能力，包括 Office 办公软件、图形图像软件。

二级：程序设计/办公软件高级应用级。考核内容包括计算机语言与基础程序设计能力，要求参试者掌握一门计算机语言，可选类别有高级语言程序设计类、数据库程序设计类、Web 程序设计类等；二级还包括办公软件高级应用能力，要求参试者具有计算机应用知识及 MS Office 办公软件的高级应用能力，能够在实际办公环境中开展具体应用。

三级：工程师预备级。三级证书面向已持有二级相关证书的考生，考核面向应用、面向职业的岗位专业技能。

四级：工程师级。四级证书面向已持有三级相关证书的考生，考核计算机专业课程，是面向应用、面向职业的工程师岗位证书。

NCRE 考试采用全国统一命题、统一考试的形式。所有科目每年开考两次，一般为 3 月倒数第一个周六和 9 月倒数第二个周六，考试持续 5 天。

NCRE 考试实行百分制计分，但以等第分数通知考生成绩。等第分数分为"不及格"、"及格"、"良好"、"优秀" 4 等。考试成绩在"及格"以上者，由教育部考试中心发合格证书（如图 1-1 所示）。考试成绩为"优秀"的，合格证书上会注明"优秀"字样。NCRE 合格证书式样按国际通行证书式样设计，用中、英两种文字书写，证书编号全国统一，证书上印有持有人身份证号码。该证书所有级别均无时效限制，全国通用，是持有人计算机应用能力的证明。

NCRE 考生的报名方法是携带有效身份证件，到就近的考点报名即可。一般在校大学生，会由学校统一组织考试报名。

图 1-1　NCRE 证书样本

1.2　NCRE 一级：计算机基础及 MS Office 应用

如前所述，NCRE 一级属于操作技能级，其中的计算机基础及 MS Office 应用科目主要考试内容包括计算机基础知识、Windows 基础操作和 MS Office 操作。

1.2.1　计算机基础及 MS Office 应用考试形式

考试具体情况为：
（1）采用无纸化考试，上机操作。考试时间为 90 分钟。
（2）软件环境：Windows 7 操作系统，Microsoft Office 2010 办公软件。

（3）在指定时间内，完成下列各项操作：

① 选择题（计算机基础知识和网络的基本知识）。　　（20分）
② Windows 操作系统的使用。　　　　　　　　　　（10分）
③ Word 操作。　　　　　　　　　　　　　　　　（25分）
④ Excel 操作。　　　　　　　　　　　　　　　　（20分）
⑤ PowerPoint 操作。　　　　　　　　　　　　　（15分）
⑥ 浏览器（IE）的简单使用和电子邮件收发。　　　（10分）

1.2.2　计算机基础及 MS Office 应用考试大纲

全国计算机等级考试一级 MS Office 考试大纲（2013 年版）

◆ **基本要求**

1. 具有微型计算机的基础知识（包括计算机病毒的防治常识）。
2. 了解微型计算机系统的组成和各部分的功能。
3. 了解操作系统的基本功能和作用，掌握 Windows 的基本操作和应用。
4. 了解文字处理的基本知识，熟练掌握文字处理 MS Word 的基本操作和应用，熟练掌握一种汉字（键盘）输入方法。
5. 了解电子表格软件的基本知识，掌握电子表格软件 Excel 的基本操作和应用。
6. 了解多媒体演示软件的基本知识，掌握演示文稿制作软件 PowerPoint 的基本操作和应用。
7. 了解计算机网络的基本概念和因特网（Internet）的初步知识，掌握 IE 浏览器软件和 Outlook Express 软件的基本操作和使用。

◆ **考试内容**

一、计算机基础知识
1. 计算机的发展、类型及其应用领域。
2. 计算机中数据的表示、存储与处理。
3. 多媒体技术的概念与应用。
4. 计算机病毒的概念、特征、分类与防治。
5. 计算机网络的概念、组成和分类；计算机与网络信息安全的概念和防控。
6. 因特网网络服务的概念、原理和应用。

二、操作系统的功能和使用
1. 计算机软、硬件系统的组成及主要技术指标。
2. 操作系统的基本概念、功能、组成及分类。
3. Windows 操作系统的基本概念和常用术语，文件、文件夹、库等。
4. Windows 操作系统的基本操作和应用：

（1）桌面外观的设置，基本的网络配置。

（2）熟练掌握资源管理器的操作与应用。

（3）掌握文件、磁盘、显示属性的查看、设置等操作。

（4）中文输入法的安装、删除和选用。

（5）掌握检索文件、查询程序的方法。

（6）了解软、硬件的基本系统工具。

三、文字处理软件的功能和使用

1. Word 的基本概念，Word 的基本功能和运行环境，Word 的启动和退出。

2. 文档的创建、打开、输入、保存等基本操作。

3. 文本的选定、插入与删除、复制与移动、查找与替换等基本编辑技术；多窗口和多文档的编辑。

4. 字体格式设置、段落格式设置、文档页面设置、文档背景设置和文档分栏等基本排版技术。

5. 表格的创建、修改；表格的修饰；表格中数据的输入与编辑；数据的排序和计算。

6. 图形和图片的插入；图形的建立和编辑；文本框、艺术字的使用和编辑。

7. 文档的保护和打印。

四、电子表格软件的功能和使用

1. 电子表格的基本概念和基本功能，Excel 的基本功能、运行环境、启动和退出。

2. 工作簿和工作表的基本概念和基本操作，工作簿和工作表的建立、保存和退出；数据输入和编辑；工作表和单元格的选定、插入、删除、复制、移动；工作表的重命名和工作表窗口的拆分和冻结。

3. 工作表的格式化，包括设置单元格格式、设置列宽和行高、设置条件格式、使用样式、自动套用模式和使用模板等。

4. 单元格绝对地址和相对地址的概念，工作表中公式的输入和复制，常用函数的使用。

5. 图表的建立、编辑和修改以及修饰。

6. 数据清单的概念，数据清单的建立，数据清单内容的排序、筛选、分类汇总，数据合并，数据透视表的建立。

7. 工作表的页面设置、打印预览和打印，工作表中链接的建立。

8. 保护和隐藏工作簿和工作表。

五、PowerPoint 的功能和使用

1. 中文 PowerPoint 的功能、运行环境、启动和退出。

2. 演示文稿的创建、打开、关闭和保存。

3. 演示文稿视图的使用，幻灯片基本操作（版式、插入、移动、复制和删除）。

4. 幻灯片基本制作（文本、图片、艺术字、形状、表格等插入及其格式化）。

5. 演示文稿主题选用与幻灯片背景设置。

6. 演示文稿放映设计（动画设计、放映方式、切换效果）。

7. 演示文稿的打包和打印。

六、因特网（Internet）的初步知识和应用

1．了解计算机网络的基本概念和因特网的基础知识，主要包括网络硬件和软件，TCP/IP 协议的工作原理，以及网络应用中常见的概念，如域名、IP 地址、DNS 服务等。

2．能够熟练掌握浏览器、电子邮件的使用和操作。

1.2.3 计算机基础及 MS Office 应用考试环境

1．登录

考生考试过程分为登录、答题、交卷等阶段。考试一般使用局域网环境，考生在考试机上登录进行考试。在考试机启动无纸化考试系统（见图 1-2）后，即可开始考试的登录过程，每个考生自其正式考试后开始单独计时。鼠标单击【开始登录】按钮或按回车键进入准考证号输入窗口（见图 1-3），输入准考证号。

图 1-2　NCRE 考试系统启动

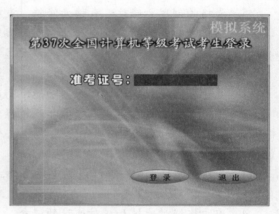

图 1-3　NCRE 考试输入准考证号

单击【登录】按钮，进入考生信息窗口（见图 1-4），需要对准考证号以及姓名、身份证号进行验证。如果准考证号错误，单击【重输考号】按钮；如果准考证号正确，单击【开始考试】按钮继续。

在正确地输入了准考证号和密码之后，单击【开始考试】按钮，进入考试须知界面（见图 1-5）。勾选【已阅读】复选框并单击【开始考试并计时】按钮后，就可以进入考试界面，开始作答。

2．答题

当考生登录成功后，考试系统将自动在屏幕中间生成装载试题内容查阅工具的考试窗口（见图 1-6），并在屏幕顶部始终显示着一个小窗口（见图 1-7），其中有考生的准考证号、姓名、考试剩余时间以及可以随时显示或隐藏试题内容查阅工具和退出考试系统进行交卷的按钮。"隐藏窗口"字样表示屏幕中间的考试窗口正在显示着，当用鼠标单击"隐藏窗口"字符时，屏幕中间的考试窗口就被隐藏，且"隐藏窗口"字样变成"显示窗口"。

图 1-4　NCRE 考试考生信息核对

图 1-5　NCRE 考试须知

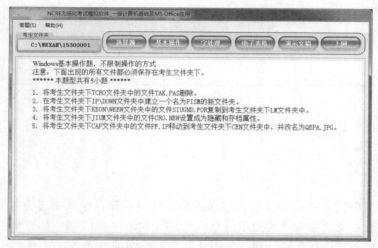

图 1-6　NCRE 考试窗口

图 1-7　NCRE 考试顶部窗口

如图 1-8 所示是考试窗口中选择工具栏的题目选择按钮，有【选择题】、【基本操作】、【字处理】、【电子表格】、【演示文稿】和【上网】，单击按钮可以查看相应的题目要求。调出操作题目的要求后，通过【答题】菜单进行答题操作（见图 1-9）。

图 1-8　NCRE 考试题目选择按钮

注意：选择题部分只能进入一次，退出后不能再次进入。选择题部分不单独计时。

在考试答题过程中一个重要的概念是考生文件夹。当考生登录成功后，无纸化考试系统将会自动产生一个考生考试文件夹，该文件夹将存放该考生所有无纸化考试的考试内容。考生不能随意删除该文件夹以及该文件夹下与考试题目要求有关的文件及文件夹，以免在考试和评分时产生错误，影响考生的考试成绩。

考生可通过单击超链接，类似于"K：\考试机用户名\26910001"进入考生文件夹，也可通过【计算机】进入对应的磁盘，访问考生文件夹。

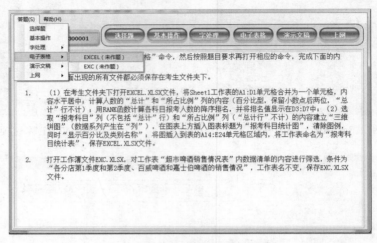

图 1-9　NCRE 考试答题菜单

注意：考生在考试过程中所操作的文件和文件夹都不能脱离考生文件夹，否则将会直接影响考生的考试成绩。

3．交卷

如果考生要提前结束考试并交卷，则在屏幕顶部显示窗口中单击【交卷】按钮，无纸化考试系统将弹出是否要交卷处理的提示信息框（见图 1-10），此时考生如果单击【确定】按钮，则退出无纸化考试系统进行交卷处理；单击【取消】按钮则返回考试界面，继续进行考试。

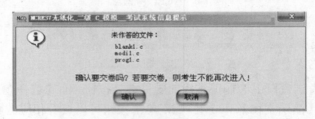

图 1-10　NCRE 考试交卷提示信息框

如果进行交卷处理，系统首先锁住屏幕，并显示"系统正在进行交卷处理，请稍候！"。当系统完成交卷处理，在屏幕上显示"交卷正常，请输入结束密码："，这时只要输入正确的结束密码就可结束考试，结束密码一般由监考人员负责输入。

交卷过程不会删除考生文件夹中的任何考试数据。

如果出现"交卷异常，请输入结束密码："，说明这个考生文件夹有问题或者有其他问题，要检查确认该考生的实际考试情况是否正常。部分交卷异常可通过二次登录再次交卷解决。

如果在交卷过程中出现死机，则重新启动计算机，二次登录后再进行交卷。

考试过程中，系统会为考生计算剩余考试时间。在剩余 5 分钟时，系统会弹出一个提示信息框（见图1-11），提示考生注意存盘并准备交卷。

　　考试时间用完后，系统会锁住计算机并提示输入"延时"密码。这时考试系统并没有自行结束运行，必须输入延时密码才能解锁计算机并恢复考试界面，待考试界面恢复后，即可单击【交卷】按钮进行交卷处理。

图1-11　NCRE考试剩余时间提示

1.3　计算机基础及MS Office应用样题示例

1. 选择题（每小题1分，共20分）

（1）从发展上看，计算机将向着哪两个方向发展？（　　　）

A. 系统化和应用化　　　　　　　　　　B. 网络化和智能化

C. 巨型化和微型化　　　　　　　　　　D. 简单化和低廉化

（2）英文缩写CAM的中文意思是（　　　）

A. 计算机辅助设计　　　　　　　　　　B. 计算机辅助制造

C. 计算机辅助教学　　　　　　　　　　D. 计算机辅助管理

（3）十进制数126转换成二进制数等于（　　　）

A. 1111101　　　　B. 1101110　　　　C. 1110010　　　　D. 1111110

（4）标准ASCII码用7位二进制数表示一个字符的编码，其不同的编码共有（　　　）

A. 127个　　　　B. 128个　　　　C. 256个　　　　D. 254个

（5）已知"装"字的拼音输入码是zhuang，而"大"字的拼音输入码是da，则存储它们的内码分别需要的字节个数是（　　　）

A. 6，2　　　　B. 3，1　　　　C. 2，2　　　　D. 3，2

（6）下列叙述中，正确的是（　　　）

A. 计算机能直接识别并执行用高级程序语言编写的程序

B. 用机器语言编写的程序可读性最差

C. 机器语言就是汇编语言

D. 高级语言的编译系统是应用程序

（7）下列叙述中，错误的是（　　　）

A. 计算机硬件主要包括主机、键盘、显示器、鼠标器和打印机五大部件

B. 计算机软件分为系统软件和应用软件两大类

C. CPU主要由运算器和控制器组成

D. 内存储器中存储当前正在执行的程序和处理的数据

（8）计算机技术中，英文缩写 CPU 的中文译名是（　　　）

A．控制器　　　　　　　B．运算器　　　　　　　C．中央处理器　　　　　D．寄存器

（9）在外部设备中，扫描仪属于（　　　）

A．输出设备　　　　　　B．存储设备　　　　　　C．输入设备　　　　　　D．特殊设备

（10）以下列出的 6 个软件中，属于系统软件的是（　　　）

①字处理软件；②Linux；③UNIX；④学籍管理系统；⑤Windows 7；⑥Office 2010

A．①②③　　　　　　　B．②③⑤　　　　　　　C．①②④⑤　　　　　　D．全部都不是

（11）为了防治计算机病毒，应采取的正确措施之一是（　　　）

A．每天都要对硬盘和 U 盘进行格式化　　　　B．必须备有常用的杀毒软件

C．不用任何磁盘　　　　　　　　　　　　　　D．不用任何软件

（12）下面说法正确的是（　　　）

A．计算机冷启动和热启动都要进行系统自检

B．计算机冷启动要进行系统自检，而热启动不要进行系统自检

C．计算机热启动要进行系统自检，而冷启动不要进行系统自检

D．计算机冷启动和热启动都不要进行系统自检

（13）计算机主要技术指标通常是指（　　　）

A．所配备的系统软件的版本

B．CPU 的时钟频率和运算速度、字长、存储容量

C．显示器的分辨率、打印机的配置

D．硬盘容量的大小

（14）影响一台计算机性能的关键部件是（　　　）

A．CD-ROM　　　　　　B．硬盘　　　　　　　　C．CPU　　　　　　　　D．显示器

（15）目前流行的微机的字长是（　　　）

A．8 位　　　　　　　　B．16 位　　　　　　　　C．32 位　　　　　　　　D．64 位

（16）Shift 键的功能是（　　　）

A．暂停　　　　　　　　　　　　　　　　　　　B．大小写锁定

C．上档键　　　　　　　　　　　　　　　　　　D．数字/光标控制转换

（17）下列说法中，正确的是（　　　）

A．光盘片的容量远小于硬盘的容量　　　　　　B．硬盘的存取速度比光盘的存取速度慢

C．优盘的容量远大于硬盘的容量　　　　　　　D．光盘驱动器是唯一的外部存储设备

（18）目前市售的 USB Flash Disk（俗称优盘）是一种（　　　）

A．输出设备　　　　　　B．输入设备　　　　　　C．存储设备　　　　　　D．显示设备

（19）计算机网络分为局域网、城域网和广域网，下列属于局域网的是（　　　）

A．校园网　　　　　　　B．公用网　　　　　　　C．科研网　　　　　　　D．因特网

（20）在计算机网络中，英文缩写 LAN 的中文名是（　　　）

A．局域网　　　　　　　B．城域网　　　　　　　C．广域网　　　　　　　D．无线网

2．基本操作题

题目要求：

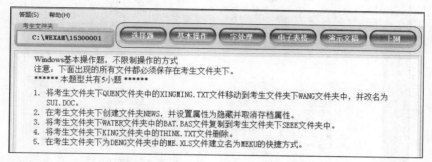

操作素材：

3．字处理题

题目要求：

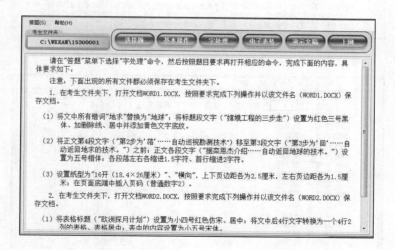

操作素材：

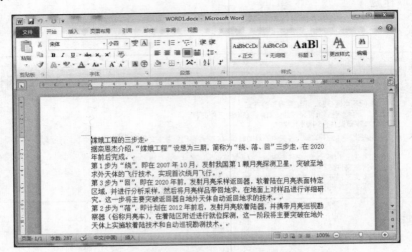

4．电子表格题

题目要求：

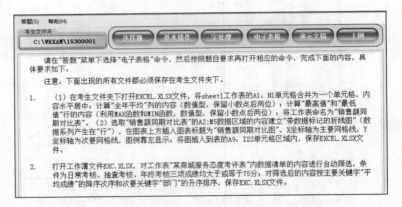

请在"答题"某单下选择"电子表格"命令，然后按照题目要求再打开相应的命令，完成下面的内容，具体要求如下：

注意：下面出现的所有文件都必须保存在考生文件夹下。

1. （1）在考生文件夹下打开EXCEL.XLSX文件，将sheet1工作表的A1、N1单元格合并为一个单元格，内容水平居中；计算"全年平均"列的内容（数值型，保留小数点后两位）；计算"最高值"和"最低值"行的内容（利用MAX函数和MIN函数，数值型，保留小数点后两位）；将工作表命名为"销售额同期对比表"。（2）选取"销售额同期对比表"的A2:M5数据区域的内容建立"带数据标记的折线图"（数据系列产生在"行"），在图表上方插入图表标题为"销售额同期对比图"，X坐标轴为主要网格线，Y坐标轴为次要网格线，图例靠左显示；将图插入到表的A9：I22单元格区域内，保存EXCEL.XLSX文件。

2. 打开工作簿文件EXC.XLSX，对工作表"某商城服务态度考评表"内数据清单的内容进行自动筛选，条件为日常考核、抽查考核、年终考核三项成绩均大于或等于75分；对筛选后的内容按主要关键字"平均成绩"的降序次序和次要关键字"部门"的升序排序，保存EXC.XLSX文件。

操作素材：

	A	B	C	D	E	F	G	H	I
1	工号	姓名	部门	日常考核	抽查考核	年终考核	平均成绩		
2	1001	张四通	服装组	78	69	95	80.67		
3	1002	李湘	服装组	70	67	73	70.00		
4	1003	刘雅	服装组	67	78	65	70.00		
5	1004	吴莉	服装组	82	73	87	80.67		
6	1005	王蓉燕	服装组	89	90	63	80.67		
7	1006	荣雅致	服装组	66	82	52	66.67		
8	1007	吕红	服装组	50	69	80	66.33		
9	1008	梁鸿波	服装组	91	75	77	81.00		
10	1009	柴经文	服装组	68	80	71	73.00		
11	1010	王允发	服装组	77	53	84	71.33		
12	1011	王文云	电器组	95	87	78	86.67		
13	1012	赵丽春	电器组	73	68	70	70.33		
14	1013	陈文清	电器组	65	76	67	69.33		
15	1014	张晋城	电器组	87	54	82	74.33		
16	1015	孟晨风	电器组	63	82	89	78.00		
17	1016	陈笑天	电器组	52	91	66	69.67		

某商城服务态度考评表 　Sheet2 　Sheet3

5. 演示文稿题

题目要求：

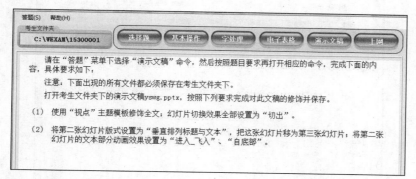

操作素材：

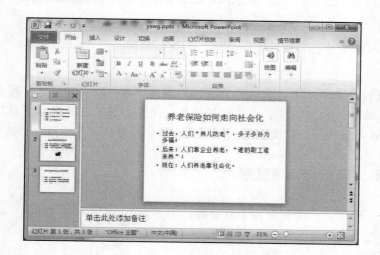

6. 上网题

题目要求：

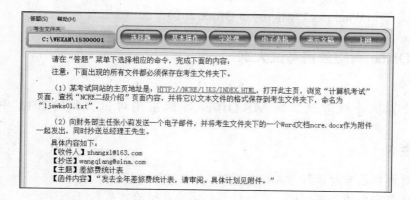

操作环境（Outlook）：

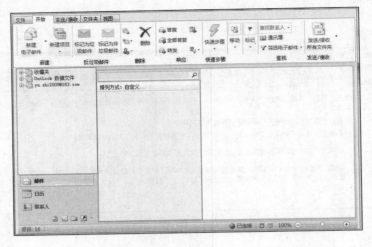

1.4　NCRE 二级：MS Office 高级应用

NCRE 二级属于程序设计/办公软件高级应用级，可选类别有高级语言程序设计类、数据库程序设计类、Web 程序设计类、办公软件高级应用能力类等。要求参试者具有计算机应用知识及 MS Office 办公软件的高级应用能力，能够在实际办公环境中开展具体应用。

1.4.1　MS Office 高级应用考试形式

考试方式为上机考试，考试时长 120 分钟，满分为 100 分。

（1）题型及分值：

① 单项选择题 20 分（与其他科目的计算机二级一样，主要包含公共基础知识、算法与数据结构、软件工程、数据库技术、网络及信息安全技术等）。

② 操作题 80 分（包括字处理、电子表格及演示文稿三个部分）。

（2）考试环境：Windows 7+Microsoft Office 2010

1.4.2　MS Office 高级应用考试大纲

全国计算机等级考试二级 MS Office 高级应用考试大纲（2013 年版）

◆ **基本要求**

1. 掌握计算机基础知识及计算机系统组成。
2. 了解信息安全的基本知识，掌握计算机病毒及防治的基本概念。

3. 掌握多媒体技术基本概念和基本应用。

4. 了解计算机网络的基本概念和基本原理，掌握因特网网络服务和应用。

5. 正确采集信息并能在文字处理软件 Word、电子表格软件 Excel、演示文稿制作软件 PowerPoint 中熟练应用。

6. 掌握 Word 的操作技能，并熟练应用编制文档。

7. 掌握 Excel 的操作技能，并熟练应用进行数据计算及分析。

8. 掌握 PowerPoint 的操作技能，并熟练应用制作演示文稿。

◆ 考试内容

一、计算机基础知识

1. 计算机的发展、类型及其应用领域。

2. 计算机软、硬件系统的组成及主要技术指标。

3. 计算机中数据的表示与存储。

4. 多媒体技术的概念与应用。

5. 计算机病毒的特征、分类与防治。

6. 计算机网络的概念、组成和分类；计算机与网络信息安全的概念和防控。

7. 因特网网络服务的概念、原理和应用。

二、Word 的功能和使用

1. Microsoft Office 应用界面使用和功能设置。

2. Word 的基本功能，文档的创建、编辑、保存、打印和保护等基本操作。

3. 设置字体和段落格式、应用文档样式和主题、调整页面布局等排版操作。

4. 文档中表格的制作与编辑。

5. 文档中图形、图像（片）对象的编辑和处理，文本框和文档部件的使用，符号与数学公式的输入与编辑。

6. 文档的分栏、分页和分节操作，文档页眉、页脚的设置，文档内容引用操作。

7. 文档审阅和修订。

8. 利用邮件合并功能批量制作和处理文档。

9. 多窗口和多文档的编辑，文档视图的使用。

10. 分析图文素材，并根据需求提取相关信息引用到 Word 文档中。

三、Excel 的功能和使用

1. Excel 的基本功能，工作簿和工作表的基本操作，工作视图的控制。

2. 工作表数据的输入、编辑和修改。

3. 单元格格式化操作、数据格式的设置。

4. 工作簿和工作表的保护、共享及修订。

5. 单元格的引用、公式和函数的使用。

6. 多个工作表的联动操作。

7. 迷你图和图表的创建、编辑与修饰。

8. 数据的排序、筛选、分类汇总、分组显示和合并计算。

9. 数据透视表和数据透视图的使用。

10. 数据模拟分析和运算。

11. 宏功能的简单使用。

12. 获取外部数据并分析处理。

13. 分析数据素材，并根据需求提取相关信息引用到 Excel 文档中。

四、PowerPoint 的功能和使用

1. PowerPoint 的基本功能和基本操作，演示文稿的视图模式和使用。

2. 演示文稿中幻灯片的主题设置、背景设置、母版制作和使用。

3. 幻灯片中文本、图形、SmartArt、图像（片）、图表、音频、视频、艺术字等对象的编辑和应用。

4. 幻灯片中对象动画、幻灯片切换效果、链接操作等交互设置。

5. 幻灯片放映设置，演示文稿的打包和输出。

6. 分析图文素材，并根据需求提取相关信息引用到 PowerPoint 文档中。

1.4.3　MS Office 高级应用考试环境

NCRE 二级 MS Office 高级应用考试环境界面类似于图 1-12 所示。

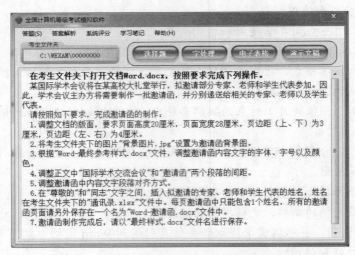

图 1-12　MS Office 高级应用考试环境（模拟）

第2章　计算机基本操作

技能训练1　怎样提高打字速度

1. 姿势

若想提高打字速度，首先必须端正坐姿。如果坐姿不正确，很容易让打字人员产生疲劳感，而且也容易出错。因此，在端正坐姿时应注意以下事项：

（1）两脚平放，腰部挺直，两臂自然下垂，两肘贴于腋边。

（2）身体可略倾斜，离键盘的距离为20～30厘米。

（3）打字教材或文稿放在键盘左边，或用专用夹子夹在显示器旁边。

（4）打字时眼观文稿，身体不要跟着倾斜。

（5）在端正坐姿后，当敲击键盘时，务必将手指按照分工放在正确的键位上。打字时必须集中注意力，做到手、脑、眼配合使用，尽量避免边看原稿边看键盘，这样容易分散精力，造成打字速度下降。

在做到以上5点后，就会发现自己的打字速度和打字的准确度有明显的提高。

2. 技巧

打字初学者还可使用打字软件进行练习，如图2-1所示为金山打字软件"金山打字通"，该软件提供了多种方法来帮助初学者，如标准键位练习、打字游戏、中英文打字速度测试等。

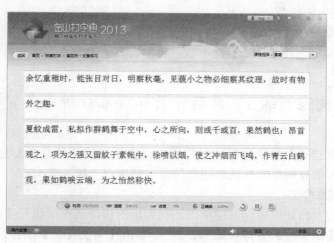

图2-1　金山打字软件

还可以在实际应用中提高打字速度，如跟打字比较快的人进行 QQ 聊天。如果能自如地跟一个人打字聊天，就可以尝试跟多人同时聊天，这样打字的速度很快就会得到提高。

技能训练 2　鼠标与键盘的配合使用

键盘和鼠标配合使用，有利于提高工作和学习的效率。虽然有时候使用鼠标和键盘都能单独完成相同的功能，但是如果只使用鼠标或者键盘，则不利于提高工作效率。

鼠标经常被应用于选择对象、右击打开快捷菜单等操作，键盘需要在鼠标操作的同时进行配合操作。可以记住以下常用的组合键及其操作定义。

- 【Ctrl+A】：选中全部内容。
- 【Ctrl+C】：复制。
- 【Ctrl+X】：剪切。
- 【Ctrl+V】：粘贴。
- 【Ctrl+Z】：撤销。
- 【Delete】：删除。
- 【Shift+Delete】：永久删除所选对象，而不将它放到【回收站】中。
- 【Ctrl+Shift+方向键】：突出显示一块文本。
- 【Shift+任何箭头键】：在窗口或桌面上选择多个对象，或者选中文档中的文本。
- 【Alt+Enter】：查看所选对象的属性。
- 【Alt+Tab】：在打开的对象之间切换。
- 【F2】：重新命名所选对象。
- 【F3】：搜索文件或文件夹。
- 【Alt+F4】：关闭当前对象或者退出当前程序。
- 【F5】：刷新当前窗口。
- 【Esc】：取消当前任务。
- 拖动某一对象时按【Ctrl】键：复制所选对象。
- 单击某一对象后，按【Shift】键不放，再单击其他的对象，可以选择多个对象。

技能训练 3　桌面背景和屏幕分辨率设置

设置计算机的背景和分辨率也是比较常用的操作，好的背景能给人赏心悦目的感觉并能有效地保护视力。屏幕分辨率的高低对图像的显示精度有直接的影响。

具体的操作步骤如下：

（1）在桌面上的空白处用鼠标右键单击，在弹出的快捷菜单中执行【个性化】命令。

（2）在打开的【个性化】窗口（见图 2-2）中单击【桌面背景】图标。

（3）选择图片并对显示方式进行设置。

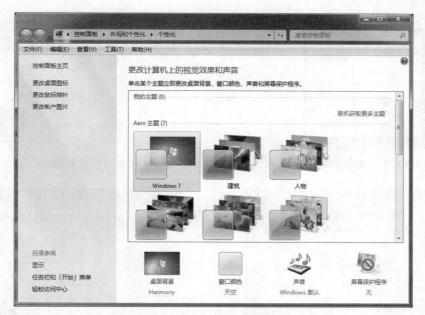

图 2-2　个性化设置窗口

（4）保存修改设置，应用背景。

（5）在桌面上的空白处单击鼠标右键，在弹出的快捷菜单中执行【屏幕分辨率】命令。

（6）在打开的【屏幕分辨率】窗口中，单击【分辨率】右侧的向下按钮调整分辨率。

（7）单击【确定】按钮，完成设置。

技能训练4　设置文件夹共享

设置文件夹共享能够将文件夹中的资料共享给同网络中的其他用户。在 Windows 7 中，设置文件夹共享比较烦琐，尝试与其他版本的 Windows 系统共享文件时常常失败。其原因往往是多方面的，如工作组名称不同、设置不正确等。下面给出一套具体的操作流程供参考。

1．同步工作组

不管使用的是什么版本的 Windows 操作系统，第一步要保证联网的各计算机的工作组名称一致。要查看或更改计算机的工作组、计算机名等信息，可在【开始】菜单或桌面上右键单击【计算机】图标，从弹出的快捷菜单中执行【属性】命令，如图 2-3 所示。

若相关信息需要更改，请在【计算机名称、域和工作组设置】选项组中单击【更改设置】按钮，如图 2-4 所示。

在弹出的【系统属性】对话框中单击【更改】按钮，如图 2-5 所示。

在弹出的【计算机名/域更改】对话框中，输入合适的计算机名/工作组名后，单击【确定】按钮，如图 2-6 所示（默认工作组为 WORKGROUP，Windows 7 简易版和家庭版不带域功能）。

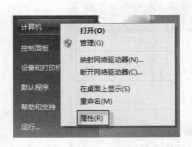

图 2-3　【计算机】右键快捷菜单

图 2-4　【更改设置】按钮

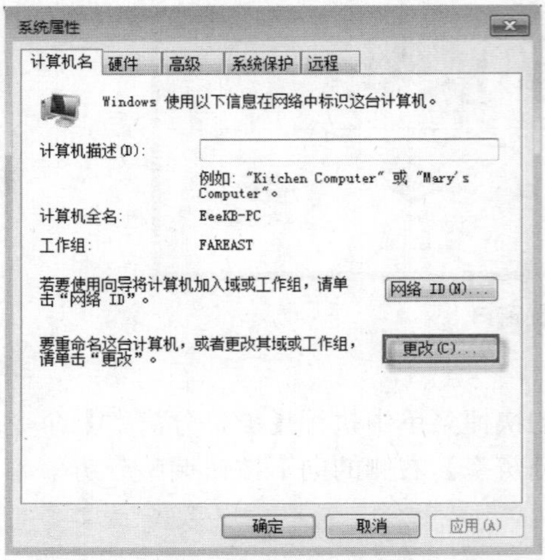

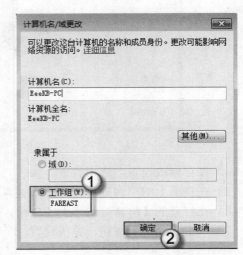

图 2-5　【系统属性】对话框

图 2-6　工作组设置

这一步操作完成后，请重启计算机使更改生效。

2．更改 Windows 7 的相关设置

打开【控制面板】→【网络和 Internet】→【网络和共享中心】窗口，单击【更改高级共享设置】链接，如图 2-7 所示。

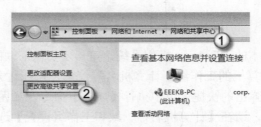

图 2-7　打开高级共享设置

启用"网络发现"、"文件和打印机共享"、"公用文件夹共享"，"密码保护的共享"部分则请选择"关闭密码保护共享"，如图 2-8 所示。

注意：媒体流最好也打开；另外，在"家庭组连接"部分，建议选择"允许 Windows 管理家庭组连接（推荐）"。

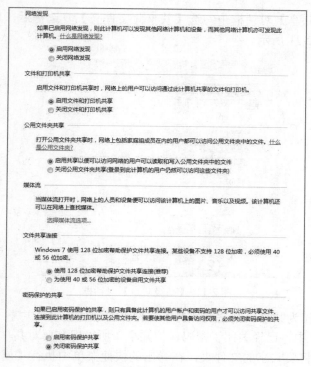

图 2-8　高级共享设置

3．共享对象设置

如果需要共享某些特定的 Windows 7 文件夹，请右键单击此文件夹，在弹出的快捷菜单中执行【属性】命令，如图 2-9 所示。

在弹出的对话框中选择【共享】选项卡，单击【高级共享】按钮，如图 2-10 所示。

图 2-9　文件夹的右键快捷菜单

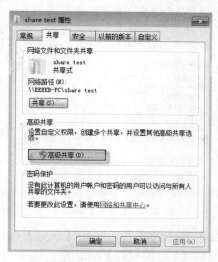

图 2-10　【共享】选项卡

在弹出的【高级共享】对话框中勾选【共享此文件夹】复选框后，单击【应用】→【确定】按钮退出，如图 2-11 所示。

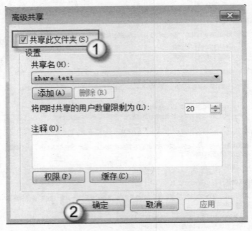

图 2-11 【高级共享】对话框

如果某文件夹被设为共享，则它的所有子文件夹将默认被设为共享。

在前面的步骤 2 中，已经关闭了密码保护共享，所以现在要对共享文件夹的安全权限做一些更改。右键单击将要共享的文件夹，在弹出的快捷菜单中执行【属性】命令，在弹出的对话框的【安全】选项卡中单击【编辑】按钮，如图 2-12 所示。

在弹出的【×××的权限】对话框中单击【添加】按钮，如图 2-13 所示。

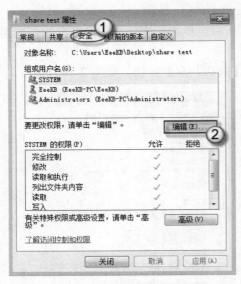

图 2-12 【安全】选项卡

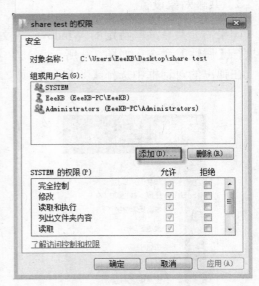

图 2-13 添加用户名

输入 Everyone 后，单击【确定】按钮退出，如图 2-14 所示。

返回【×××的权限】对话框，选中 Everyone，在权限选择栏内勾选将要赋予 Everyone 的相应权限，如图 2-15 所示。

图 2-14 输入 Everyone

图 2-15 Everyone 权限设置

4．防火墙设置和启用来宾账户

打开【控制面板】→【系统和安全】→【Windows 防火墙】窗口，检查一下防火墙设置，确保【文件和打印机共享】是允许的状态，如图 2-16 所示。

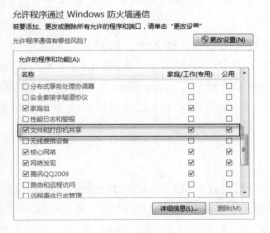

图 2-16 防火墙设置

打开【控制面板】→【用户账户和家庭安全】→【用户账户】→【管理账户】→【来宾账户】窗口，单击【启用】按钮，如图 2-17 所示。

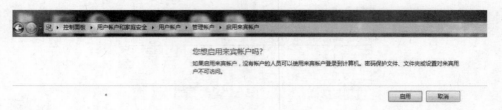

图 2-17　启用来宾账户

5. 查看共享文件

依次打开【控制面板】→【网络和 Internet】→【查看网络计算机和设备】→【相应的计算机/设备名称】窗口即可，如图 2-18 所示。

图 2-18　查看共享文件

技能训练 5　配置 Windows 7 下的 FTP 服务

前述设置文件夹共享的操作步骤比较烦琐，有时候需要将一些资料提供给别人进行下载，这种情况构建一个 FTP 服务器就方便得多了。Windows 7（尤其是旗舰版）能够提供一定程度的 FTP 服务能力，但是务必要注意的是，Windows 7 毕竟是个人版的操作系统，FTP 能够提供同时下载的人数不会太多，但即使是这样，已经可以满足很多的日常需要了。

具体的设置步骤主要有 4 步。

1. 安装 FTP 服务

Windows 7 中 FTP 站点的搭建，依赖于 IIS（Internet 信息服务，微软的产品，用于发布网站等），Windows 7 系统中 IIS 功能默认是不开启的，需要手动打开。首先进入控制面板，选择【打开或关闭 Windows 功能】选项，如图 2-19 所示。

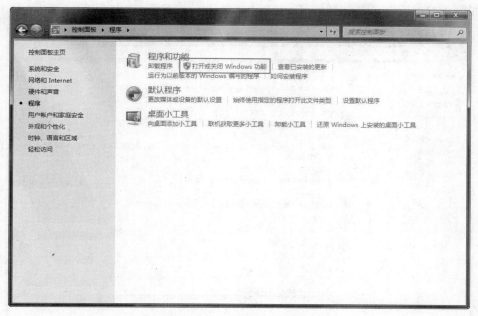

图 2-19 开启 Windows 功能

在其中找到 Internet 信息服务项目，按如图 2-20 所示进行选择（当然全部都选上也是可以的）。如果你的机器中找不到 IIS 项，或选择后提示插入系统安装盘之类的，这表明你的系统要么是版本低（比如是 Windows 7 基础版），要么是安装的时候没有选择完全安装。

图 2-20 选择开启 IIS

2. 在 IIS 控制面板里添加 FTP 站点

待 IIS 功能正常开启后，再次进入控制面板，在【系统和安全】窗口中选择【管理工具】

选项，如图 2-21 所示。

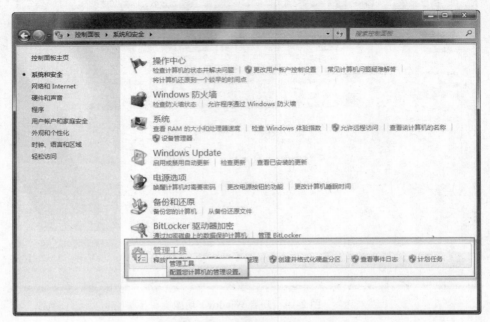

图 2-21　选择【管理工具】选项

然后在打开的窗口中选择【Internet 信息服务（IIS）管理器】选项，如图 2-22 所示。

图 2-22　打开 IIS 配置功能

在【连接】下面的服务器名称上单击鼠标右键，在弹出的快捷菜单中执行【添加 FTP 站点】命令，如图 2-23 所示。

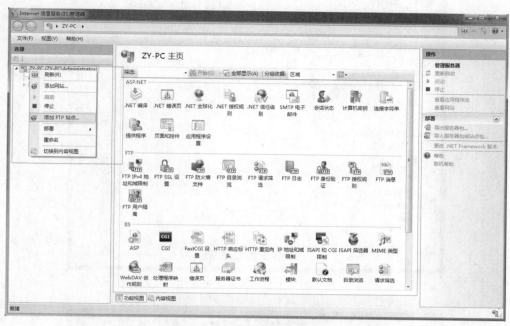

图 2-23 添加 FTP 站点

对新添加的 FTP 站点，按如图 2-24 至图 2-26 进行参数配置，具体配置要求根据自己的实际情况进行设置。

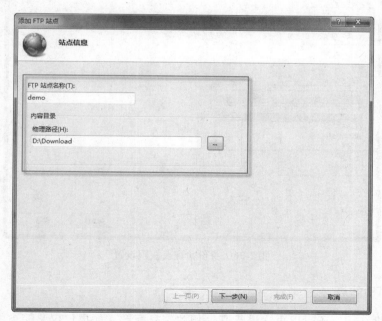

图 2-24 配置站点参数

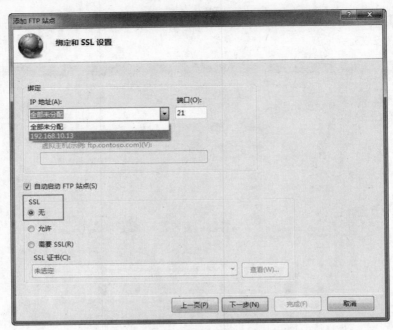

图 2-25　IP 地址和 SSL 项配置

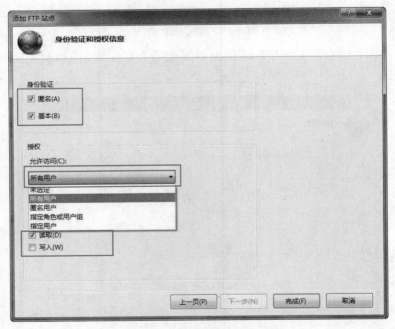

图 2-26　身份验证及权限设置

3．配置 FTP 站点

FTP 站点建好后，还可以再次进行其他相关信息配置，如果仅仅是简单的文件传输服务配置，按前述的步骤配置即可，如图 2-27 所示，无需再修改其他信息。

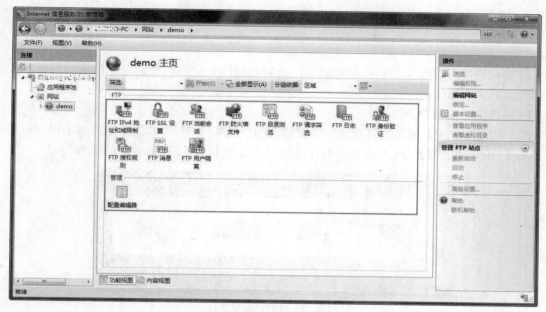

图 2-27　FTP 站点其他配置

4．访问 FTP 站点

当 FTP 站点建好后，可以在客户端的浏览器（或资源管理器）地址栏输入如下格式：FTP://192.168.10.13（具体 IP 要看前面搭建服务器的时候的配置，见图 2-25），按【Enter】键确定后进行访问即可，如图 2-28 所示。

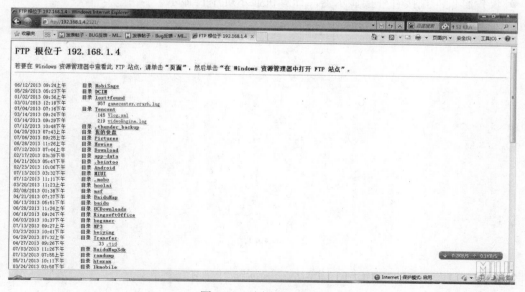

图 2-28　访问 FTP 站点

技能训练6　计算机与投影仪的连接设置

计算机与投影仪连接是非常常见的操作，如果操作不恰当，可能会无法输出图像或者输出的图像产生变形等。

（1）将投影仪和 PC 相连接。

（2）用【Win+P】组合键打开投影仪设置选项（见图 2-29），如果使用的是笔记本，还可以使用【Fn+F 功能键】（注意看笔记本计算机上的【F1】～【F12】键上的标志）。

图 2-29　投影仪设置选项

各选项对应的功能介绍如下：

● 仅计算机：不切换到外接显示器或投影仪上。

● 复制：在计算机和投影仪上都显示同样的内容，就是计算机可以看，投影仪也可以看，通常演讲时都选择该选项。

● 扩展：增加笔记本显示屏的显示空间，把笔记本显示屏变大，可以放更多窗口到桌面。

● 仅投影仪：直接看外接显示器，计算机显示屏不再显示。

第3章 文字处理技术

长文档的制作是衡量一个文字处理人员技能水平非常重要的参照。日常应用中，长文档的制作也是比较常见的，如大学生毕业论文、书稿、投标书、项目总结材料等。

长文档的制作与短短几页文档的制作是完全不同的，需要综合运用文字处理的各项技术。

制作长文档时，比较重要的一些技巧主要有：

（1）先拟定三级目录，然后开始写作。

（2）制定标准格式的模板，方便以后进行大批量的文档制作。

（3）项目符号、序号等统一化，保持风格一致。

（4）灵活运用分页符和分节符。

（5）规范使用页眉、页脚和页码。

（6）自动生成图、表的编号，方便随时插入、删除图表，无需人工编号。

（7）使用"样式"。

（8）使用"格式刷"。

（9）灵活使用表格进行排版。

某些长文档，如毕业设计论文，为了保持风格的一致性，相关院校会制定出非常详细的规范，其规范可能会包含部分模板、字体、字号、行距、段前段后间距等各项规定。某大学关于毕业设计论文的规范如图 3-1 至图 3-4 所示。

××大学

毕业设计论文

作者＿＿＿＿＿＿＿＿ 学号＿＿＿＿＿＿＿

系部＿＿＿＿＿＿＿＿＿＿＿＿＿＿＿＿＿＿

专业＿＿＿＿＿＿＿＿＿＿＿＿＿＿＿＿＿＿

题目＿＿＿＿＿＿＿＿＿＿＿＿＿＿＿＿＿＿

指导教师＿＿＿＿＿＿＿＿＿＿＿＿＿＿＿＿

评阅教师＿＿＿＿＿＿＿＿＿＿＿＿＿＿＿＿

完成时间：　　　年　　月　　日

图 3-1　封面模板

毕业设计(论文)中文摘要

(题目)：XXXX(4号宋体)

摘要(小 4 号黑体)：XXXXXXXXXXXXXXXXXXXXX(小 4 号宋体，1.5 倍行距)XXXX
XXXXXXXXXXXXXXXXXXXXXXXXXXXXXXXXXXXXXXXXXXX
XXXXXXXXXXXXXXXXXXXXXXXXXXXXXXXXXXXXXXXXXXX
XXXXXXXXXXXXXXXXXXXXXXXXXXXXXXXXXXXXXXXXXXX
XXXXXXXXXXXXXXXXXXXXXXXXXXXXXXXXXXXXXXXXXXX
XXXXXXXXXXXXXXXXXXXXXXXXXXXXXXXXXXXXXXXXXXX
XXXXX。(要求 200-300 字)

(空 2 行)

关键词(小 4 号黑体)：XXX XXX XXX XXX(小 4 号宋体)

图 3-2　中文摘要模板

目录(4号黑体，居中)

1　引言(或绪论)(作为正文第一章，小4号宋体，行距18磅，下同)

2　XXXXXXXX(正文第二章)

　　XXXXXXXX(正文第二章第1条)

　　XXXXXXXX(正文第二章第2条)

2.X　XXXXXXXX(正文第二章第X条)

3　XXXXXXXX(正文第三章)

(略)

X XXXXXXXX(正文第X章)

结论

致谢

参考文献

附录A XXXX(必要时)

附录B XXXX(必要时)

图1　XXXX(必要时)

图2　XXXX(必要时)

图3-3　目录模板

1 (请留出一个汉字的空间，下同)引言(或绪论)(可作为正文第一章标题，用小3号黑体，加粗，并留出上下间距为：段前0.5行，段后0.5行)

XXXXXXXXX(小4号宋体，1.5倍行距)

XXXXXXXXXXXXXXXXXXXXXXXXXXXXXXXXXXXXXXXX

XXXXX……

1.1　XXXXXXXXXXXXXXXXX(作为正文2级标题，用4号黑体，加粗)

　　XXXXXXXXXX(小4号宋体，1.5倍行距)

XXXXXXXXXXXXXXXXXXXXX……

1.1.1　XXXX(作为正文3级标题，用小4号黑体，不加粗)

XXXXXXXXXXXX(小4号宋体，1.5倍行距)XXXXXXXXXXXXXXXXXXXX

XXXXXXXXXX……

2　XXXXXXXXXXX(作为正文第二章标题，用小3号黑体，加粗，并留出上下间距为：段前0.5行，段后0.5行)

XXXXXXXXX(小4号宋体，1.5倍行距) XXXXXXXXXXXXXXXXXXXX

XXXXXXXXXX……

图3-4　正文模板

技能训练 1　长文档的样式及自动生成目录

目录是用来列出文档中的各级标题及标题在文档中相对应的页码。首先来看 Word 的一个概念：大纲级别。Word 使用层次结构来组织文档，大纲级别就是段落所处层次的级别编号，Word 提供 9 级大纲级别，对一般的文档来说足够使用了。Word 的目录提取是基于大纲级别和段落样式的，在 Normal 模板（即 Word 默认的文档模板）中已经提供了内置的标题样式，命名为"标题 1"、"标题 2"、…、"标题 9"（见图 3-5），分别对应大纲级别的 1～9。

图 3-5　标题样式

也可以不使用内置的标题样式而采用自定义样式，但操作有点烦琐。接下来介绍的目录制作方法直接使用 Word 内置的标题样式。

目录的制作分 3 步进行。

1. 修改标题样式的格式

通常 Word 内置的标题样式不符合论文格式要求，需要手动修改。在【开始】选项卡的【样式】选项组中，右击相应的标题样式，如"标题"，然后执行【修改】命令，弹出【修改样式】

对话框，见图3-6。

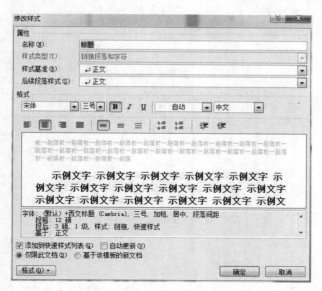

图3-6 【修改样式】对话框

可修改的内容包括字体、段落、制表位和编号等，一般需要按论文格式的要求分别修改1～3级标题（即"标题"、"标题1"、"标题2"）的格式。

2．在各个章节的标题段落应用相应的格式

章的标题使用"标题"样式，节标题使用"标题1"，第三层次标题使用"标题2"。使用样式来设置标题的格式还有一个优点，就是更改标题的格式非常方便。假如要把所有一级标题的字号改为"小三"，只需更改"标题1"样式的格式设置，然后自动更新，所有章的标题字号都变为"小三"号，不用手工去一一修改，那样既麻烦又容易出错。

3．提取目录

一般按论文格式要求，目录放在正文的前面。在正文前插入一新页（在第一章的标题前插入一个分页符），光标移到新页的开始，添加"目录"两个字，并设置好格式。新起一段落，在【引用】选项卡的【目录】选项组中单击【目录】按钮，从【目录】下拉列表中执行【插入目录】命令，如图3-7所示。

弹出【目录】对话框，在【常规】选项组中设置【格式】为"正式"，【显示级别】为3级，如图3-8所示，其他不用修改。

单击【确定】按钮后，Word就自动生成目录。若有章节标题不在目录中，就说明其没有应用标题样式或使用不当，并不是Word的目录生成有问题，请去相应章节进行检查。此后若章节标题改变，或页码发生变化，只需更新目录即可，如图3-9所示。

注意：目录生成后，有时目录文字会有灰色的底纹，这是Word的域底纹，打印时是不会打印出来的。

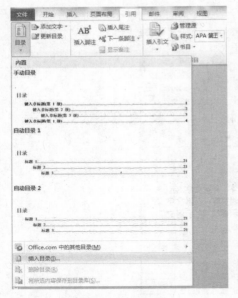

图 3-7　插入目录

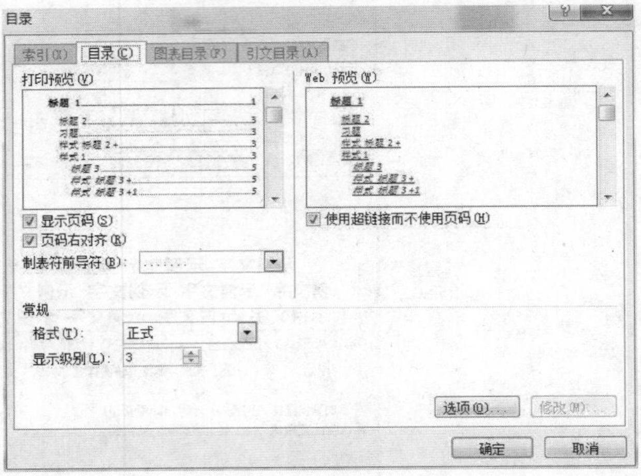

图 3-8　目录格式设置

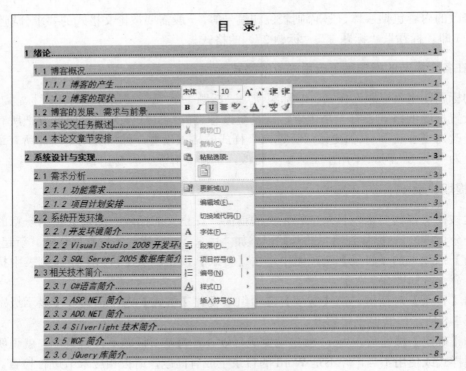

图 3-9　目录及目录更新

技能训练2 长文档的图表规范及自动生成序号

编辑长文档时，如论文，也会碰到很多在 Word 中为图表自动编号的问题。人工编号及校对非常辛苦，如果其中需要添加或删除某一个图片（或表格），会引起一连串的整体变化，需要对其后所有的图表重新编号，非常麻烦。下面介绍两种常用的自动编号功能，定能让你事半功倍。

1. 图的自动编号

也许有人觉得没有必要自动编号，但是想想如果一个报告里有几十张图，甚至几百张图的时候，改动其中某一个图，其后所有的图的编号都要改变，工作量将非常大。自动编号简单实用，具体方法如下。

（1）选中图片，右键单击，在弹出的快捷菜单中执行【插入题注】命令，如图 3-10 所示。

图 3-10 插入题注

（2）在弹出的【题注】对话框中，单击【新建标签】按钮，弹出【新建标签】对话框，然后输入"图 3-"或"图 3."等（见图 3-11），具体看对应的章节和编号使用的格式。

（3）输入完成后，单击【确定】按钮，返回【题注】对话框，就可以看到自动编号的样子了，如图 3-12 所示。一般图的自动编号选择在图片的下面，表的自动编号选择在表的上面。

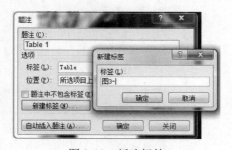

图 3-11 新建标签

图 3-12 插入自动编号

（4）单击【确定】按钮，对插入的图进行命名、排版，自动编号的图片前面有个黑点（见图 3-13），这个黑点就是以后图表索引位置，这个黑点在打印的时候是不会打印出来的。

图 3-13   自动编号的图片

2. 表格的自动编号

表格的自动编号与图的自动编号操作一样，新建标签的时候使用"表 4-"的样子，一般表格的编号位置选择在上方，如图 3-14 所示。

Admin（管理员信息表）如表 4-3 所示。

表 4-3 管理员信息表

字段名	数据类型	长 度	主 键	描 述
id	Int	4	是	用户编号
Name	nvarchar	50	否	用户名
Pwd	nvarchar	50	否	密码

liuyan（留言信息表）如表 4-4 所示。

表 4-4 留言信息表

字段名	数据类型	长 度	主 键	描 述
id	Int	4	是	编号
name	nvarchar	50	否	用户名
content	text	16	否	留言内容

图 3-14   表格编号样式

所有图、表添加处理完毕后，后续中如果要添加新的图和表，或是删除图和表，右键单击图或表编号后，在弹出的快捷菜单中执行【更新域】命令，就可以自动更新所有图和表的编号。

第4章 电子表格数据处理

技能训练 1   常用数据表制作

本次技能训练，通过一个实例来介绍常用数据表的制作技巧。

1．设置数据有效性

（1）新建一个名为"员工年度考核.xlsx"的工作簿，其中包含两个工作表，分别为"年度考核表"和"年度考核奖金标准"，如图 4-1 和图 4-2 所示。

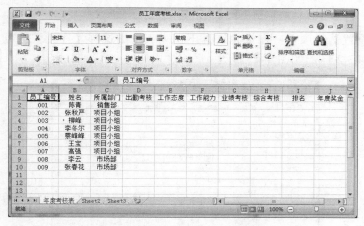

图 4-1   "年度考核表"工作表

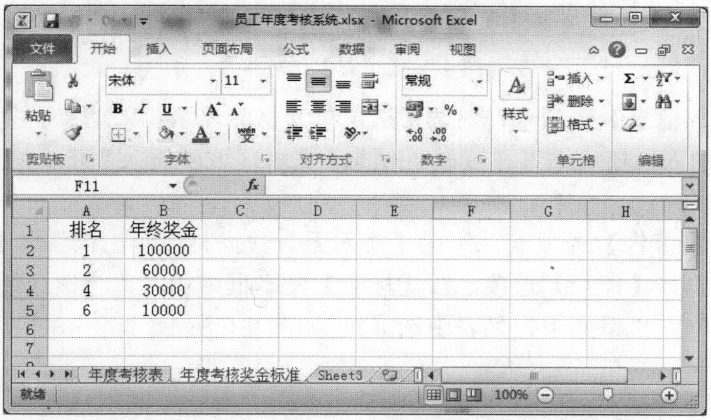

图 4-2   "年度考核奖金标准"工作表

（2）在"年度考核表"工作表中选择"出勤考核"所在的 D 列，然后单击【数据】选项卡【数据工具】选项组中的【数据有效性】按钮后的下拉按钮 ，在弹出的下拉列表中执行【数据有效性】命令，弹出【数据有效性】对话框（设置数据有效性的目的是为了保证某些单元格根据用户的需要输入，不会超出预定的范围），如图 4-3 所示。

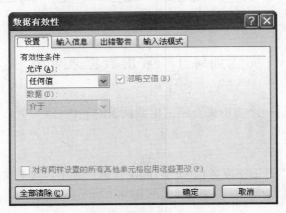

图 4-3 【数据有效性】对话框

（3）选择【设置】选项卡，在【允许】下拉列表框中选择【序列】选项，在【来源】文本框中输入"6,5,4,3,2,1"，如图 4-4 所示。

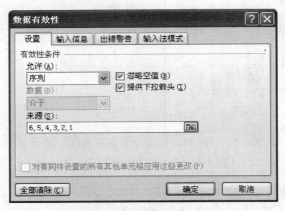

图 4-4 【设置】选项卡

（4）选择【输入信息】选项卡，勾选【选定单元格时显示输入信息】复选框，在【标题】文本框中输入"请输入考核成绩"，在【输入信息】文本区域中输入"可以在下拉列表中选择"，如图 4-5 所示。

（5）选择【出错警告】选项卡，勾选【输入无效数据时显示出错警告】复选框，在【样式】下拉列表框中选择【停止】选项，在【标题】文本框中输入"考核成绩错误"，在【错误信息】文本区域中输入"请到下拉列表中选择"，如图 4-6 所示。

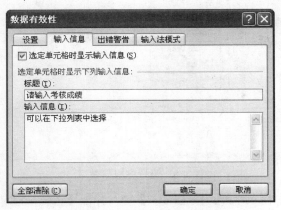

图 4-5 【输入信息】选项卡

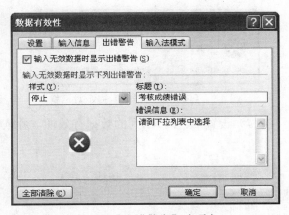

图 4-6 【出错警告】选项卡

（6）选择【输入法模式】选项卡，在【模式】下拉列表框中选择【关闭（英文模式）】选项，以保证在该列输入内容时始终不是英文输入法，如图 4-7 所示。

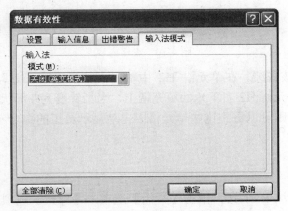

图 4-7 【输入法模式】选项卡

（7）单击【确定】按钮，则数据有效性设置完毕。单击单元格 D2，则其下方出现一个黄色的信息框，如图 4-8 所示。

图 4-8 设置完成后效果

（8）在单元格 D2 中输入"9"，按【Enter】键，弹出【考核成绩错误】提示对话框，如果单击"重试"按钮，可以重新输入，如图 4-9 所示。

图 4-9 【考核成绩错误】提示对话框

（9）参照步骤（1）～（7）设置 E、F、G 列的数据有效性，并依次输入员工的成绩，如图 4-10 所示。

图 4-10 表格内容

（10）计算综合考核成绩。在单元格 H2 中输入"=SUM(D2:G2)"，按【Enter】键确认，然后将鼠标指针放在单元格 H2 右下角的填充柄上，当指针变为╋形状时拖动，将公式复制到该列的其他单元格中，则可以看到这些单元格中自动显示员工的综合考核成绩，如图 4-11 所示。

2. 设置条件格式

（1）选择单元格区域 H2:H10，单击【开始】选项卡【样式】选项组中的【条件格式】按钮，在弹出的下拉列表中执行【新建规则】命令。

图 4-11　综合考核成绩

（2）弹出【新建格式规则】对话框，在【选择规则类型】列表框中选择"只为包含以下内容的单元格设置格式"选项，在【编辑规则说明】区域的第 1 个下拉列表中选择【单元格值】选项，在第 2 个下拉列表中选择【大于或等于】选项，在右侧文本框中输入"20"，如图 4-12 所示。

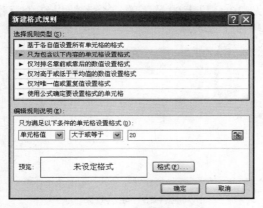

图 4-12　条件 1 设置

（3）在【新建格式规则】对话框中单击【格式】按钮，打开【设置单元格格式】对话框，选择【填充】选项卡，在【背景色】列表框中选择"红色"选项，在【示例】区可以看到预览效果，如图 4-13 所示。

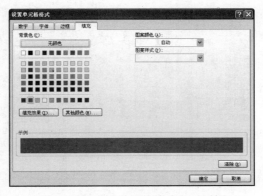

图 4-13　【设置单元格格式】对话框

（4）单击【确定】按钮，返回【新建格式规则】对话框，如图 4-14 所示，单击【确定】按钮。

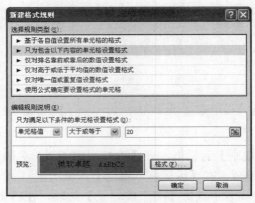

图 4-14 【新建格式规则】对话框

（5）可以看到 20 分及 20 分以上的员工的综合考核以红色背景色显示，非常醒目，如图 4-15 所示。

	B	C	D	E	F	G	H	I	J
1	姓名	所属部门	出勤考核	工作态度	工作能力	业绩考核	综合考核	排名	年度奖金
2	陈青	销售部	3	6	5	6	20		
3	张秋严	项目小组	4	2	4	4	14		
4	柳峰	项目小组	3	6	3	5	17		
5	李冬尔	项目小组	2	1	2	3	8		
6	蔡峰峰	项目小组	6	5	6	5	22		
7	王宝	项目小组	2	4	2	6	14		
8	高强	项目小组	5	6	5	2	18		
9	李云	市场部	2	3	1	4	10		
10	张春花	市场部	3	5	2	4	14		

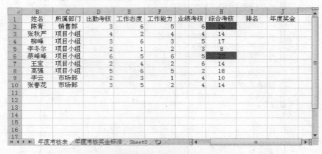

图 4-15 显示效果

3．计算员工年终奖金

（1）对员工综合考核成绩进行排序。在单元格 I2 中输入“=RANK(H2,$H$2:$H$10,0)”，按【Enter】键确认，可以看到在单元格 I2 中显示出排名顺序，使用自动填充功能得到其他员工的排名顺序，如图 4-16 所示。

	B	C	D	E	F	G	H	I	J
1	姓名	所属部门	出勤考核	工作态度	工作能力	业绩考核	综合考核	排名	年度奖金
2	陈青	销售部	3	6	5	6	20	2	
3	张秋严	项目小组	4	2	4	4	14	5	
4	柳峰	项目小组	3	6	3	5	17	4	
5	李冬尔	项目小组	2	1	2	3	8	9	
6	蔡峰峰	项目小组	6	5	6	5	22	1	
7	王宝	项目小组	2	4	2	6	14	5	
8	高强	项目小组	5	6	5	2	18	3	
9	李云	市场部	2	3	1	4	10	8	
10	张春花	市场部	3	5	2	4	14	5	

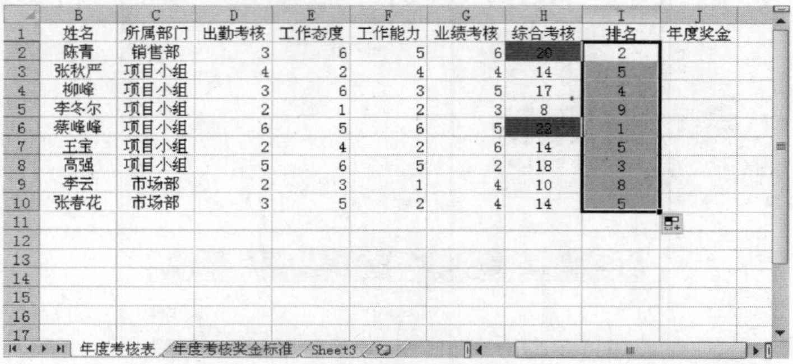

图 4-16 排名顺序

（2）有了员工的排名顺序，就可以计算出他们的年终奖金。在单元格 J2 中输入"=LOOKUP
(I2,年度考核奖金标准!$A$2:$B$5)"，按【Enter】键确认，可以看到在单元格 J2 中显示出年终
奖金，使用自动填充功能得到其他员工的奖金，如图 4-17 所示。

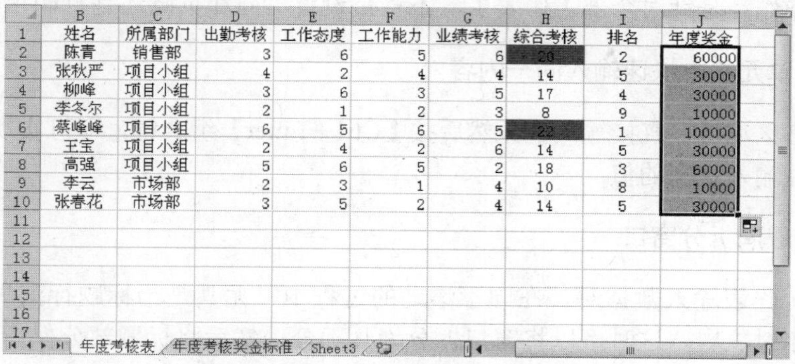

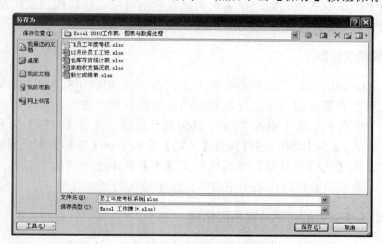

图 4-17 员工年终奖金

（3）单击【文件】选项卡，执行【另存为】命令，打开【另存为】对话框，将工作簿另
存为"员工年度考核系统.xlsx"，如图 4-18 所示，然后单击【保存】按钮保存文件即可。

图 4-18 【另存为】对话框

技能训练 2 数据表实用技巧

在 Office 办公组件中，Excel 实际上是最有效、最优秀的一个组成部分，在常用数据分析领
域的应用功能非常强大，其操作技巧也数不胜数。限于篇幅，下面简单介绍几个实用小技巧。

1. 多工作表统一格式设置

如果在一个 Excel 文件中含有多个工作表，如何将多个工作表一次设置成同样的页眉和页

脚？如何才能一次打印多个工作表？

把鼠标移到工作表的名称处（若没有特别设置的话，Excel 自动设置的名称是"Sheet1、Sheet2、Sheet3……"），然后单击鼠标右键，在弹出的快捷菜单中执行"选择全部工作表"命令，这时所有操作都是针对全部工作表了，不管是设置页眉和页脚还是打印工作表。

2．在不同单元格中快速输入同一内容

选定单元格区域后，直接输入值，然后按【Ctrl＋Enter】组合键，即可实现在选定的单元格区域中一次性输入相同的值。

3．拆分或取消拆分窗口

当给一个工作表输入数据时，在向下滚动的过程中，尤其是当标题行消失后，有时会记错各列标题的相对位置。这时可以将窗口拆分为几部分，然后将标题部分保留在屏幕上不动，只滚动数据部分。其方法是在功能区单击【视图】选项卡【窗口】选项组中的【拆分】按钮。取消拆分窗口时除了再次单击【拆分】按钮外，还有更简单的方法：可将鼠标指针置于水平拆分或垂直拆分线或双拆分钱交点上，双击鼠标即可取消已拆分的窗口。

另外，使用"冻结窗格"功能，在录入大量数据的时候，也能实现被冻结部分不再滚动的效果，其相关设置可自行实验。

4．快速批量修改数据

假如有一个 Excel 工作簿，里面有所有职工工资表。现在想将所有职工的补贴增加 50(元)，当然可以用公式进行计算，但除此之外还有更简单的批量修改方法，即使用"选择性粘贴"功能：首先在某个空白单元格中输入"50"，选定此单元格，执行【复制】命令；选取想修改的单元格区域，如从 E2 到 E150，然后执行【开始】选项卡→【粘贴】下拉列表→【选择性粘贴】命令，在弹出的【选择性粘贴】对话框的【运算】栏中选中"加"运算，单击【确定】按钮即可。最后，要删除开始时在某个空白单元格中输入的"50"。

5．比较两个工作表中的两列数据是否相同

如两个 Excel 工作表中，分别有物品名称和对应的价格两个数据项（上千个记录，其中物品名称相同），如何比较两个表在价格上的差异？我们假设在"Sheet1"表中名称和价格分别是 A 列、B 列，"Sheet2"表中名称和价格分别是 A 列、B 列。

那么在"Sheet2"中的 C1 中输入公式"=VLOOKUP(A1,Sheet1!A:B,2,0)"，这样就通过查找名称把"Sheet1"中的价值取过来了。然后在"Sheet2"中的 D1 中输入"=B1-C1"，D1 中数值不是 0 的就是要找的数据了。

如果要大量地比较两张表中的数据，更加复杂的操作可能就要使用 VBA 编程了。

第5章 演示文稿制作技术

技能训练 1 一些经典 PPT 模板

想制作一个比较完美的 PPT，除了要有丰富的素材、准确的数据、良好的创意等因素之外，最重要的是要有一个好的模板。PowerPoint 中带有一些预先定义好的模板，但是这可能还远远不够，制作者需要经常去学习、研讨和借鉴一些非常优秀的 PPT 模板。网络中可以检索出很多不同风格的 PPT 模板，有些顶尖的大公司和企业发布出来的 PPT 也是非常精美的，这些都可以成为良好的学习素材。

如图 5-1 至图 5-7 所示为一些比较经典的 PPT 模板。

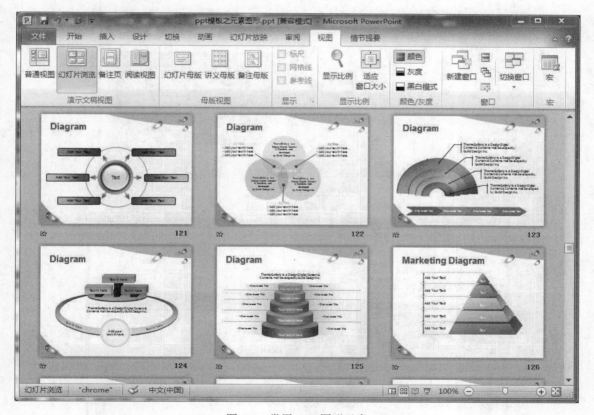

图 5-1 常用 PPT 图形元素

图 5-2　中国节日 PPT 模板

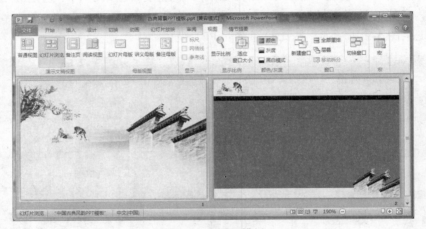

图 5-3　中国风模板

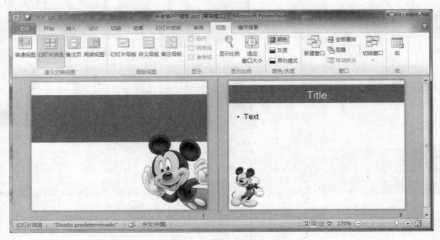

图 5-4　卡通 PPT 模板

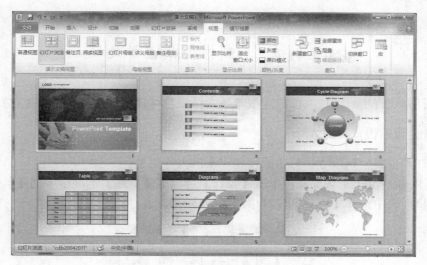

图 5-5 现代科技感 PPT

图 5-6 阿里研究院 PPT

图 5-7 环保主题 PPT

技能训练2　制作企业宣讲文稿

对外进行企业宣传时，口头的描述很难让人信服，可以借助幻灯片制作企业宣传方案。

1．设计企业宣传首页幻灯片

首页幻灯片主要应列出宣传报告的主题和演讲人等信息。

（1）在 PowerPoint 工作界面中单击【设计】选项卡【主题】选项组中的【其他】按钮，在弹出的下拉列表中选择【内部】区域中的【凸显】选项，如图 5-8 所示。

图 5-8　【凸显】主题样式

（2）单击"单击此处添加标题"文本框，并在该文本框中输入"Q 服务有限公司项目宣传"文本内容，设置【字体】为"华文行楷"，【字号】为"44"，并调整文本框的宽度，使其适应字体的宽度，如图 5-9 所示。

图 5-9　设置演示文稿的标题

（3）单击"单击此处添加副标题"文本框，并在该文本框中输入"主讲人：王经理"文本内容，设置【字体】为"宋体（正文）"，【字号】为"30"，并调整文本框至合适的位置，最终效果如图5-10所示。

图 5-10　设置副标题

2．设计公司概况幻灯片

制作好宣传首页幻灯片页面后，接下来就需要对公司进行简单的概述。

（1）单击【开始】选项卡【幻灯片】选项组中的【新建幻灯片】按钮，在下拉列表中执行【标题和内容】命令。

（2）在新添加的幻灯片中单击"单击此处添加标题"文本框，并在该文本框中输入"公司简介"文本内容，设置【字体】为"方正姚体（标题）"，加粗，【字号】为"44"，如图5-11所示。

图 5-11　设置幻灯片标题

（3）单击"单击此处添加文本"文本框，将该文本框中的内容全部删除。单击【插入】选项卡【文本】选项组中的【文本框】按钮，在下拉列表中执行【横排文本框】命令，插入一个横排文本框，如图 5-12 所示。

（4）在文本框中输入公司简介内容，并设置【字体】为"宋体（正文）"，【字号】为"24"；然后设置文本内容首行缩进两字符，并调整文本框至合适的位置，效果如图 5-13 所示。

图 5-12 【文本框】下拉列表　　　　　　　　图 5-13 输入并设置文本框内容

3．设计公司组织结构幻灯片

对公司状况有了大致了解后，可以继续对公司做进一步的说明，如介绍公司的内部组织结构等。

（1）创建一张空白的幻灯片。单击【插入】选项卡【插图】选项组中的 SmartArt 按钮，弹出【选择 SmartArt 图形】对话框，选择【层次结构】区域中的【层次结构】选项，单击【确定】按钮，如图 5-14 所示。

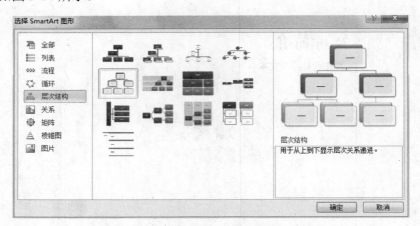

图 5-14 【选择 SmartArt 图形】对话框

（2）查看插入的层次结构图，调整层次结构图并输入文字，效果如图 5-15 所示。

（3）单击【插入】选项卡【文本】选项组中的【文本框】按钮，在下拉列表中执行【横排文本框】命令，插入一个横排文本框，并输入"公司组织结构"，设置文字【字体】为"方正姚体"，【字号】为"44"，设置完成后调整文本框位置，调整后结果如图 5-16 所示。

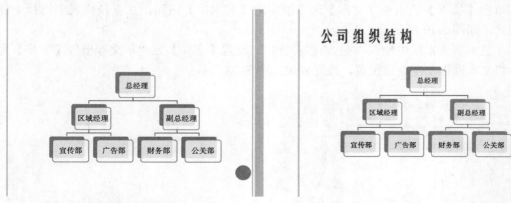

图 5-15 插入的层次结构图　　　　　　　图 5-16 插入幻灯片标题

4．设计公司项目介绍幻灯片

（1）单击【开始】选项卡【幻灯片】选项组中的【新建幻灯片】按钮，在下拉列表中执行【标题和内容】命令，创建新幻灯片。在新添加的幻灯片中单击"单击此处添加标题"文本框，并在该文本框中输入"职责介绍"文本内容，设置【字体】为"方正姚体（标题）"，加粗，【字号】为"44"，如图 5-17 所示。

（2）单击"单击此处添加文本"文本框，在此输入项目介绍内容，并设置【字体】为"宋体"，【字号】为"24"，调整文本框至合适的位置，最终效果如图 5-18 所示。

图 5-17 设置幻灯片标题　　　　　　　图 5-18 输入幻灯片内容

5．设计公司宣传结束幻灯片

制作完前面所有的幻灯片后，就可以制作结束幻灯片了，结束幻灯片的制作非常简单，具体的操作步骤如下：

（1）选择第 4 张幻灯片后，单击【开始】选项卡【幻灯片】选项组中的【新建幻灯片】按钮，在下拉列表中执行【空白】命令。

（2）单击【插入】选项卡【文本】选项组中的【艺术字】按钮，在下拉列表中选择一种艺术字样式，如图 5-19 所示。

（3）在艺术字文本框中输入"完 谢谢观看！"，设置【字体】为"华文行楷"，【字号】为"96"，并将文本框拖动至合适位置，最终效果如图 5-20 所示。

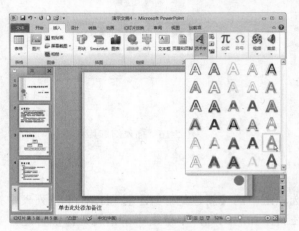

图 5-19　选择艺术字样式

图 5-20　输入并设置幻灯片文本

6．设计产品宣传幻灯片的切换效果

制作完成所有的幻灯片后可以为幻灯片添加切换效果。

（1）选择第 1 张幻灯片，单击【切换】选项卡【切换到此幻灯片】选项组中的【其他】按钮，在下拉列表中选择【闪光】选项，如图 5-21 所示。

图 5-21　设置首页幻灯片切换效果

（2）依次选择其他幻灯片，单击【切换】选项卡【切换到此幻灯片】选项组中的【其他】按钮，在下拉列表中选择切换效果。制作完成后，单击快速访问工具栏中的【保存】按钮，将文稿保存为"企业宣传.pptx"，最终效果如图 5-22 所示。

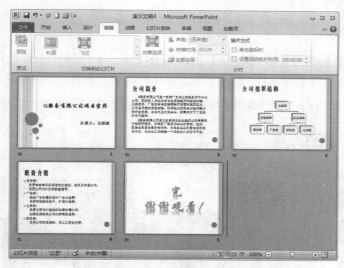

图 5-22 设置后的效果

技能训练 3 更换演示文稿模板

制作 PPT 的时候经常有这样的情景，自己做了一套 PPT，但是又看到了更好看的模板，如何将新的模板应用到自己的 PPT 上呢？操作步骤如下。

1. 保存新的主题

使用 PowerPoint 2010 打开新的模板或幻灯片，然后在【设计】选项卡中单击【主题】栏右下角的按钮展开全部主题，执行【保存当前主题】命令，如图 5-23 所示，为当前主题取个名字，以 thmx 扩展名保存到默认位置。

图 5-23 保存当前主题

2. 应用新的主题

打开想要修改的幻灯片，在【设计】选项卡的【主题】选项组中找到刚才保存的主题，鼠标右击，执行【应用于所有幻灯片】命令或者其他命令，如图 5-24 所示。

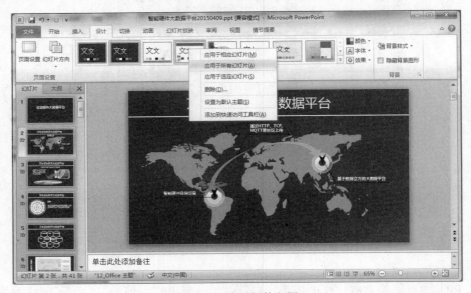

图 5-24　应用新的主题

3. 修订模板错误

由于新的模板与原有的模板的重叠问题，可能会导致幻灯片出现一些错误，批量性的错误可以尝试到幻灯片母版中去修改。在【视图】选项卡【母版视图】选项组中单击【幻灯片母版】按钮，在此视图下，修改（或编辑）母版，如图 5-25 所示，修改后关闭母版视图即可。

图 5-25　修订母版

第6章 信息技术基础

本章节采用题目及解析的形式，对信息技术基础典型知识点进行训练。

技能训练综合题目 1

1．世界上第一台计算机的名称是（　　　）

A．ENIAC

B．APPLE

C．UNIVAC-I

D．IBM-7000

【答案】A

【解析】世界上第一台计算机名字为 Electronic Numerical Integrator And Calculator，中文名为电子数字积分计算机，英文缩写为 ENIAC。

2．CAM 表示（　　　）

A．计算机辅助设计

B．计算机辅助制造

C．计算机辅助教学

D．计算机辅助模拟

【答案】B

【解析】"计算机辅助设计"英文为 Computer Aided Design，简称为 CAD；"计算机辅助制造"英文为 Computer Aided Manufacturing，简称为 CAM。

3．与十进制数 1023 等值的十六进制数为（　　　）

A．3FDH

B．3FFH

C．2FDH

D．3FFH

【答案】B

【解析】十进制转成十六进制的方法是"除 16 取余"。

4．十进制整数 100 转换为二进制数是（　　　）

A．1100100

B．1101000

C．1100010

D．1110100

【答案】A

【解析】通过"除 2 取余"法可以转成二进制数：100D=1100100B。

5．16 位二进制数可表示整数的范围是（　　　）

A．0～65535

B．-32768～32767

C．-32768～32768

D．-32768～32767 或 0～65535

【答案】D

【解析】16 位二进制数转换成十进制数，最大的范围是 0～65535 和-32768～32767。

6．存储 400 个 24×24 点阵汉字字形所需的存储容量是（　　　）

A．255KB
B．75KB
C．37.5KB
D．28.125KB

【答案】D

【解析】公式为：字节数=点阵行数×点阵列数/8；用 24×24 点阵来表示一个汉字，400 个汉字共需（24×24/8）×400/1024KB，共有 28.125KB。

7．下列字符中，其 ASCII 码值最大的是（   ）

A．9
B．D
C．a
D．y

【答案】D

【解析】字符对应数值的关系是"小写字母比大写字母对应数大，字母中越往后越大"。推算得知 y 应该是最大。

8．某汉字的机内码是 B0A1H，它的国际码是（   ）

A．3121H
B．3021H
C．2131H
D．2130H

【答案】B

【解析】汉字机内码=国际码+8080H，汉字的机内码、国际码、区位码之间的换算关系不能混淆。

9．操作系统的功能是（   ）

A．将源程序编译成目标程序

B．负责诊断机器的故障

C．控制和管理计算机系统的各种硬件和软件资源的使用

D．负责外设与主机之间的信息交换

【答案】C

【解析】操作系统是管理、控制和监督计算机各种资源协调运行的。

10．《计算机软件保护条例》中所称的计算机软件（简称软件）是指（   ）

A．计算机程序
B．源程序和目标程序
C．源程序
D．计算机程序及其有关文档

【答案】D

【解析】所谓软件是指为方便使用计算机和提高使用效率而组织的程序以及用于程序开发、使用、维护的有关文档。

11．下列关于系统软件的 4 条叙述中，正确的是（   ）

A．系统软件的核心是操作系统

B．系统软件是与具体硬件逻辑功能无关的软件

C．系统软件是使用应用软件开发的软件

D．系统软件并不具体提供人机界面

【答案】A

【解析】计算机由硬件系统和软件系统组成，而软件系统又包括系统软件和应用软件。系统软件有操作系统和语言处理系统。

12. 以下不属于系统软件的是（　　　）

A. DOS   B. Windows XP

C. Windows 7   D. Excel

【答案】D

【解析】前 3 项都是操作系统软件，Excel 是应用软件。

13. "针对不同专业用户的需要所编制的大量的应用程序，进而把它们逐步实现标准化、模块化所形成的解决各种典型问题的应用程序的组合"描述的是（　　　）

A. 软件包   B. 软件集

C. 系列软件   D. 以上都不是

【答案】A

【解析】所谓软件包（Package），就是针对不同专业用户的需要所编制的大量的应用程序，进而把它们逐步实现标准化、模块化所形成的解决各种典型问题的应用程序的组合，如图形软件包、会计软件包等。

14. 下面列出的 4 种存储器中，易失性存储器是（　　　）

A. RAM   B. ROM

C. FROM   D. CD-ROM

【答案】A

【解析】RAM 有两个特点：写入时原来的数据会被冲掉；加电时信息完好，一旦断电信息就会消失。

15. 计算机中对数据进行加工与处理的部件，通常称为（　　　）

A. 运算器   B. 控制器

C. 显示器   D. 存储器

【答案】A

【解析】运算器是计算机处理数据形成信息的加工厂，主要功能是对二进制数进行算术运算或逻辑运算。

16. 下列 4 种设备中，属于计算机输入设备的是（　　　）

A. UPS   B. 服务器

C. 绘图仪   D. 光笔

【答案】D

【解析】光笔是一种手写输入设备，使汉字输入变得更为方便、容易。

17. 一张磁盘上存储的内容，在该盘处于什么情况时，其中数据可能丢失？（　　　）

A. 放置在声音嘈杂的环境中若干天后

B. 携带通过海关的 X 射线监视仪后

C. 被携带到强磁场附近后

D. 与大量磁盘堆放在一起后

【答案】C

【解析】磁盘是在金属或塑料片上涂一层磁性材料制成的，由于强大磁场的影响，可能会改变磁盘中的磁性结构。

18. 以下关于病毒的描述中，不正确的说法是（　　　）

A. 对于病毒，最好的方法是采取"预防为主"的方针

B. 杀毒软件可以抵御或清除所有病毒

C. 恶意传播计算机病毒可能会构成犯罪

D. 计算机病毒都是人为制造的

【答案】B

【解析】任何一种杀毒软件都不可能抵御或清除所有病毒。而且，杀毒软件的更新往往落后于病毒的更新与升级。

19. 下列关于计算机的叙述中，不正确的是（　　　）

A. 运算器主要由一个加法器、一个寄存器和控制线路组成

B. 一个字节等于 8 个二进制位

C. CPU 是计算机的核心部件

D. 磁盘存储器既是一种输入设备，也是一种输出设备

【答案】A

【解析】运算器主要由一个加法器、若干个寄存器和一些控制线路组成。

20. 下列关于计算机的叙述中，正确的是（　　　）

A. 存放由存储器取得指令的部件是指令计数器

B. 计算机中的各个部件依靠总线连接

C. 十六进制转换成十进制的方法是"除 16 取余法"

D. 多媒体技术的主要特点是数字化和集成性

【答案】B

【解析】存放由存储器取得指令的部件是指令寄存器；十六进制转换成十进制的方法是按权展开即可，十进制转换成十六进制的方法是"除 16 取余法"；多媒体技术的主要特点是集成性和交互性。

技能训练综合题目 2

1. 第一代电子计算机使用的电子元件是（　　　）

A. 晶体管　　　　　　　　　　　　B. 电子管

C. 中、小规模集成电路　　　　　　D. 大规模和超大规模集成电路

【答案】B

【解析】第一代计算机是电子管计算机，第二代计算机是晶体管计算机，第三代计算机主要元件是采用小规模集成电路和中规模集成电路，第四代计算机主要元件是采用大规模集成电路和超大规模集成电路。

2. 计算机的主机由哪些部件组成？（　　　）

A. CPU、外存储器、外部设备　　　B. CPU 和内存储器

C. CPU 和存储器系统　　　　　　　D. 主机箱、键盘、显示器

【答案】B

【解析】计算机的主机是由 CPU 和内存储器组成，存储器系统包括内存和外存，而外存属于输入/输出部分，所以它不属于主机的组成部分。

3．十六进制数 B34B 对应的十进制数是（　　　）

A．45569 　　　　　　　　　　　B．45899

C．34455 　　　　　　　　　　　D．56777

【答案】B

【解析】十六进制数转换成十进制数的方法是按位权展开。

4．一种计算机所能识别并能运行的全部指令的集合，称为该种计算机的（　　　）

A．程序 　　　　　　　　　　　B．二进制代码

C．软件 　　　　　　　　　　　D．指令系统

【答案】D

【解析】程序是计算机完成某一任务的一系列有序指令，软件包含系统软件和应用软件。若用程序与软件的关系打一个比喻，可表示为软件=程序+数据。不同类型机器其指令系统不一样，一台机器内的所有指令的集合称为该机器的指令系统。

5．用汇编语言或高级语言编写的程序称为（　　　）

A．用户程序 　　　　　　　　　B．源程序

C．系统程序 　　　　　　　　　D．汇编程序

【答案】B

【解析】用汇编语言或高级语言编写的程序叫作源程序，CPU 不能直接执行它。

6．下列诸因素中，对微型计算机工作影响最小的是（　　　）

A．尘土 　　　　　　　　　　　B．噪声

C．温度 　　　　　　　　　　　D．湿度

【答案】B

【解析】尘土、湿度和温度都会直接影响计算机，但噪声不会直接对计算机产生影响。

7．下列 4 条叙述中，正确的是（　　　）

A．R 进制数相邻的两位数相差 R 倍

B．所有十进制小数都能准确地转换为有限的二进制小数

C．存储器中存储的信息即使断电也不会丢失

D．汉字的机内码就是汉字的输入码

【答案】A

【解析】不是所有的小数都能转换成有限的二进制小数；RAM 中的信息一断电就会丢失；输入码是外码。

8．所谓计算机病毒是指（　　　）

A．能够破坏计算机各种资源的小程序或操作命令

B．特制的破坏计算机内信息且自我复制的程序

C．计算机内存放的、被破坏的程序

D．能感染计算机操作者的生物病毒

【答案】A

【解析】计算机病毒是"能够侵入计算机系统的并给计算机系统带来故障的一种具有自我繁殖能力的特殊程序"。

9．下列等式中正确的是（　　　）

A．1KB=1024×1024B   B．1MB=1024B

C．1KB=1024MB   D．1MB=1024×1024B

【答案】D

【解析】1MB=1024KB=1024×1024B。

10．汉字"中"的十六进制的机内码是 D6D0H，那么它的国标码是（　　　）

A．5650H   B．4640H

C．5750H   D．C750H

【答案】A

【解析】汉字的机内码=汉字的国际码+8080H。

11．计算机在现代教育中的主要应用有计算机辅助教学、计算机模拟、多媒体教室和（　　　）

A．网上教学和电子大学   B．家庭娱乐

C．电子试卷   D．以上都不是

【答案】A

【解析】计算机在现代教育中的主要应用就是计算机辅助教学、计算机模拟、多媒体教室以及网上教学、电子大学。

12．下列 4 种不同数制表示的数中，数值最小的是（　　　）

A．八进制数 52   B．十进制数 44

C．十六进制数 2B   D．二进制数 101001

【答案】D

【解析】解答这类问题，一般是将这些非十进制数转换成十进制数，然后进行统一的对比。非十进制转换成十进制的方法是按位权展开。

13．某汉字的区位码是 3721，它的国际码是（　　　）

A．5445H   B．4535H

C．6554H   D．3555H

【答案】B

【解析】国际码=区位码+2020H。即将区位码的十进制区号和位号分别转换成十六进制数，然后分别加上 20H，就成了汉字的国际码。

14．存储一个国标码需要几个字节？（　　　）

A．1   B．2

C．3   D．4

【答案】B

【解析】由于一个字节只能表示 256 种编码，一个字节不能完全表示汉字的国标码，所以一个国标码必须用两个字节表示。

15．ASCII 码其实就是（　　　）

A. 美国标准信息交换码　　　　　　　　B. 国际标准信息交换码

C. 欧洲标准信息交换码　　　　　　　　D. 以上都不是

【答案】A

【解析】ASCII 码是美国标准信息交换码，被国际标准化组织指定为国际标准。

16. 以下属于高级语言的有（　　　）

A. 机器语言　　　　　　　　　　　　　B. C 语言

C. 汇编语言　　　　　　　　　　　　　D. 以上都是

【答案】B

【解析】机器语言和汇编语言都是"低级"的语言；而高级语言是一种用表达各种意义的
"词"和"数学公式"按照一定的语法规则编写程序的语言，其中比较具有代表性的语言有 C、
C++、Java 等。

17. 下列不属于系统软件的是（　　　）

A. UNIX　　　　　　　　　　　　　　B. Visual BASIC

C. Excel　　　　　　　　　　　　　　D. SQL Server

【答案】C

【解析】Excel 属于应用软件中的一类通用软件。

18. 一台计算机的基本配置包括（　　　）

A. 主机、键盘和显示器　　　　　　　　B. 计算机与外部设备

C. 硬件系统和软件系统　　　　　　　　D. 系统软件与应用软件

【答案】C

【解析】计算机总体而言是由硬件和软件系统组成的。

19. 把计算机与通信介质相连并实现局域网络通信协议的关键设备是（　　　）

A. 串行输入口　　　　　　　　　　　　B. 多功能卡

C. 电话线　　　　　　　　　　　　　　D. 网卡（网络适配器）

【答案】D

【解析】实现局域网通信的关键设备是网卡。

20. CPU、存储器、I/O 设备是通过什么连接起来的？（　　　）

A. 接口　　　　　　　　　　　　　　　B. 总线

C. 系统文件　　　　　　　　　　　　　D. 控制线

【答案】B

【解析】总线（Bus）是连接系统部件的通道。

技能训练综合题目 3

1. CPU 能够直接访问的存储器是（　　　）

A. 光盘　　　　　　　　　　　　　　　B. 硬盘

C. RAM　　　　　　　　　　　　　　　D. U 盘

【答案】C

【解析】CPU 读取和写入数据都是通过内存来完成的。

2．在信息时代，计算机的应用非常广泛，主要有如下几大领域：科学计算、信息处理、过程控制、计算机辅助工程、家庭生活和（　　　）

A．军事应用　　　　　　　　　　　　B．现代教育

C．网络服务　　　　　　　　　　　　D．以上都不是

【答案】B

【解析】计算机应用领域可以概括为科学计算（或数值计算）、信息处理（或数据处理）、过程控制（或实时控制）、计算机辅助工程、家庭生活和现代教育。

3．在 ENIAC 的研制过程中，美籍匈牙利科学家总结并提出了非常重要的改进意见，他是（　　　）

A．冯·诺依曼　　　　　　　　　　　B．阿兰·图灵

C．古德·摩尔　　　　　　　　　　　D．以上都不是

【答案】A

【解析】1946 年冯·诺依曼和他的同事设计出的逻辑结构（即冯·诺依曼结构）对后来计算机的发展影响深远。

4．一个非零无符号二进制整数后加两个零形成一个新的数，新数的值是原数值的（　　　）

A．4 倍　　　　　　　　　　　　　　B．2 倍

C．四分之一　　　　　　　　　　　　D．二分之一

【答案】A

【解析】根据二进制数位运算规则：左移一位，数值增至 2 倍；右移一位，数值减至 1/2。

5．下列 4 条叙述中，错误的是（　　　）

A．通过自动（如扫描）或人工（如击键、语音）方法将汉字信息（图形、编码或语音）转换为计算机内部表示汉字的机内码并存储起来的过程，称为汉字输入

B．将计算机内存储的汉字内码恢复成汉字并在计算机外部设备上显示或通过某种介质保存下来的过程，称为汉字输出

C．将汉字信息处理软件固化，构成一块插件板，这种插件板称为汉卡

D．汉字国标码就是汉字拼音码

【答案】D

【解析】国标码即汉字信息交换码，而拼音码是输入码，两者并不相同。

6．以下关于高级语言的描述中，正确的是（　　　）

A．高级语言诞生于 20 世纪 60 年代中期

B．高级语言的"高级"是指所设计的程序非常高级

C．C++语言采用的是"编译"的方法

D．高级语言可以直接被计算机执行

【答案】C

【解析】高级语言诞生于 20 世纪 50 年代中期；所谓"高级"，指这种语言与自然语言和数学公式相当接近，而且不依赖于计算机的型号，通用性好；只有机器语言可以直接被计算

机执行。

7. 计算机软件系统包括（　　　）

A．系统软件和应用软件　　　　　　　　B．编辑软件和应用软件

C．数据库软件和工具软件　　　　　　　D．程序和数据

【答案】A

【解析】计算机软件系统包括系统软件和应用软件两大类。

8. WPS、Word 等字处理软件属于（　　　）

A．管理软件　　　　　　　　　　　　　B．网络软件

C．应用软件　　　　　　　　　　　　　D．系统软件

【答案】C

【解析】字处理软件属于应用软件一类。

9. CPU 的主要组成：运算器和（　　　）

A．控制器　　　　　　　　　　　　　　B．存储器

C．寄存器　　　　　　　　　　　　　　D．编辑器

【答案】A

【解析】CPU 即中央处理器，主要包括运算器（ALU）和控制器（CU）两大部件。

10. 高速缓冲存储器是为了解决（　　　）

A．内存与辅助存储器之间速度不匹配问题

B．CPU 与辅助存储器之间速度不匹配问题

C．CPU 与内存储器之间速度不匹配问题

D．主机与外设之间速度不匹配问题

【答案】C

【解析】CPU 主频不断提高，对 RAM 的存取更快了，为协调 CPU 与 RAM 之间的速度差问题，设置了高速缓冲存储器（Cache）。

11. 以下哪一个是点阵打印机？（　　　）

A．激光打印机　　　　　　　　　　　　B．喷墨打印机

C．静电打印机　　　　　　　　　　　　D．针式打印机

【答案】D

【解析】针式打印机即点阵打印机。靠在脉冲电流信号的控制下，打印针击打的针点形成字符或汉字的点阵。

12. 除了计算机模拟之外，另一种重要的计算机教学辅助手段是（　　　）

A．计算机录像　　　　　　　　　　　　B．计算机动画

C．计算机模拟　　　　　　　　　　　　D．计算机演示

【答案】D

【解析】计算机作为现代教学手段在教育领域中应用得越来越广泛、深入，主要有计算机辅助教学、计算机模拟、多媒体教室、网上教学和电子大学。

13. 计算机集成制作系统是（　　　）

A．CAD　　　　　　　　　　　　　　　B．CAM

C．CIMS
D．MIPS

【答案】C

【解析】将 CAD/CAM 和数据库技术集成在一起，形成 CIMS（计算机集成制造系统）技术，可实现设计、制造和管理完全自动化。

14．二进制数 10100101011 转换成十六进制数是（　　）

A．52B
B．D45D
C．23C
D．5E

【答案】A

【解析】二进制整数转换成十六进制整数的方法是：从个位数开始向左按每 4 位二进制数一组划分，不足 4 位的前面补 0，然后各组代之以一位十六进制数字即可。

15．计算机内部采用二进制表示数据信息，二进制主要优点是（　　）

A．容易实现
B．方便记忆
C．书写简单
D．符合使用的习惯

【答案】A

【解析】二进制是计算机中的数据表示形式，是因为二进制有如下特点：简单可行、容易实现、运算规则简单、适合逻辑运算。

16．以下是冯·诺依曼体系结构计算机的基本思想之一的是（　　）

A．计算精度高
B．存储程序控制
C．处理速度快
D．可靠性高

【答案】B

【解析】冯·诺依曼体系结构计算机的基本思想之一是存储程序控制。计算机在人们预先编制好的程序控制下，实现工作自动化。

17．计算机辅助设计简称是（　　）

A．CAM
B．CAD
C．CAT
D．CAI

【答案】B

【解析】"计算机辅助设计"英文为 Computer Aided Design，简称为 CAD。

18．为了避免混淆，十六进制数在书写时常在后面加上字母（　　）

A．H
B．O
C．D
D．B

【答案】A

【解析】一般十六进制数在书写时在后面加上 H，二进制数加上 B，八进制数加上 Q。另外有一种标识的方法，那就是在数字右下方标上大写的数字。

19．计算机用来表示存储空间大小的最基本单位是（　　）

A．Baud
B．bit
C．Byte
D．Word

【答案】C

【解析】计算机中表示存储容量最基本的单位是 Byte（字节）。

20．UNIX 系统属于哪一类操作系统？（　　　）

A．网络操作系统　　　　　　　　　　B．分时操作系统

C．批处理操作系统　　　　　　　　　D．实时操作系统

【答案】B

【解析】分时操作系统的主要特征就是在一台计算机周围挂上若干台近程或远程终端，每个用户可以在各自的终端上以交互的方式控制作业运行。UNIX 是国际上最著名的分时系统。

第7章 计算机维护技术

技能训练1 制作光盘镜像

　　光盘是一种比较常用的存储介质，但是也有其不便性，包括如体积稍大，需要使用光驱，光盘在光驱中始终是旋转的，容易划伤光盘等。鉴于现在的硬盘、U盘或移动硬盘等存储容量都非常大，有的笔记本电脑标配也不再包括光驱等情况，有时会把光盘制作成光盘镜像文件，保存在其他存储介质上使用。光盘镜像是可以保留光盘上所有信息的一种文件格式（有的数据是不可见形式的，不能从光盘中直接拷贝），可以在电脑中通过使用"虚拟光驱"软件去打开，与实际使用光盘是完全一样的。

　　可以制作光盘镜像的软件很多，比较常用的一款软件是UltraISO（软碟通）。UltraISO（软碟通）是一款功能强大而又方便实用的光盘映像文件制作/编辑/转换工具，它可以直接编辑光盘镜像文件和从光盘镜像中提取文件、目录，也可以从CD-ROM（或DVD-ROM）制作光盘映像，或者将硬盘上的文件制作成光盘镜像文件。同时，也可以处理光盘镜像文件的启动信息，从而制作可引导光盘。使用UltraISO，可以随心所欲地制作/编辑/转换光盘映像文件，配合光盘刻录软件刻录出自己所需要的光盘。

　　使用UltraISO（软碟通）制作光盘镜像操作非常简单，首先把光盘放入光驱，然后启动UltraISO，在【工具】菜单中执行【制作光盘映像文件】命令，或者直接单击工具栏上的按钮，弹出【制作光盘映像文件】对话框，如图7-1所示，选择好对应的参数，进行制作即可。通常的光盘镜像文件格式，如无特殊要求，选取"标准ISO"。

图7-1　制作光盘映像文件

技能训练2 制作U盘系统安装盘

有些轻便型的笔记本电脑没有光驱或找不到移动光驱可用，需要安装操作系统的时候我们可以使用 U 盘来进行，这样的操作系统盘可以长期随身携带，以备不时之需，比光盘要方便得多。制作 U 盘系统安装盘的步骤如下。

1. 使用 UltraISO 打开 Windows 系统光盘镜像

可以采用前述的方法制作 Windows 系统光盘镜像，也可以从别人那里复制。准备好 Windows 系统光盘镜像后，启动 UltraISO，单击左上角的【文件】菜单标签，在弹出的菜单中执行【打开】命令，如图 7-2 所示。在资源管理器中找到之前制作好的操作系统镜像文件，如图 7-3 所示，单击【打开】按钮。

图 7-2 打开文件

图 7-3 选择镜像文件

现在，操作系统镜像文件内的文件全部被加载进来，如图 7-4 所示。

图 7-4　加载镜像内容

2．将 Windows 系统光盘镜像刻入 U 盘

接下来，单击菜单栏中的【启动】标签，在下拉菜单中执行【写入硬盘映像】命令，如图 7-5 所示。

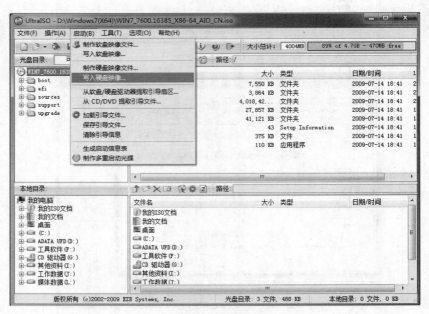

图 7-5　设置启动项

在写入硬盘映像的页面中，在硬盘驱动器选项里选择好 U 盘，如图 7-6 所示；然后选择写入的方式，一般选择默认的即可；最后单击【写入】按钮开始往 U 盘中写入文件。当文件写入完成，一个可以自启动的可以安装操作系统的 U 盘就做好了。

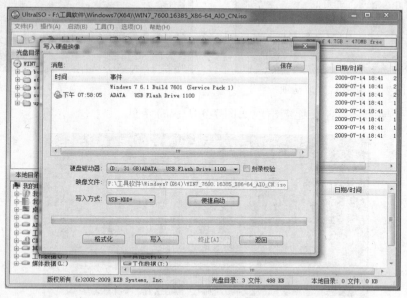

图 7-6 写入数据

如果要使用 U 盘安装操作系统，在系统 BIOS 设置中设置成从 U 盘启动即可，其他与光盘安装系统完全一样。

注意事项：

（1）在写入的过程一定不要进行其他的操作，更不能拔掉 U 盘。

（2）如果刻好的 U 盘无法完成引导启动，可以尝试在刻录数据之前，在如图 7-6 所示的对话框中先单击【便捷启动】按钮，设置"写入新的硬盘主引导记录"，在【写入方式】下拉列表中选择"USB-HDD+"，然后再执行写入数据操作。

技能训练 3　安装 Windows 7 操作系统

Windows 系统（包含 Windows 7）的安装方法有很多，如盘对盘、光盘安装（CD 启动）、USB 安装（使用 USB 启动）、PE 安装、硬盘安装、备份恢复安装、镜像安装、下载安装等都是可选的技术。下面介绍标准光盘安装方法，读者如感兴趣可自行验证其他方法。

（1）设置光驱引导：将安装光盘放入光驱，重新启动计算机，当屏幕上出现开机 LOGO 时，按下键盘上的【F12】键（也可能是其他键，看计算机使用说明书；也可进入 BIOS 进行设置），选择"CD/DVD（代表光驱的一项）"，按【Enter】键确定，如图 7-7 所示。

（2）选择光驱，几秒钟后，屏幕上会出现"Press any key to boot from CD…"的字样，此时可以按下键盘上的任意键以继续光驱引导，如图 7-8 所示。

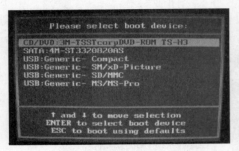

图 7-7　选择优先启动项

图 7-8　选择从光盘启动

（3）光驱引导起来后，会连续出现如图 7-9 所示的界面。

图 7-9　装载文件

（4）文件装载完成后弹出【安装 Windows】对话框，此处保持默认状态即可，【要安装的语言】选择"中文（简体）"，【时间和货币格式】选择"中文（简体，中国）"，【键盘和输入方法】选择"中文（简体）-美式键盘"，然后单击【下一步】按钮，如图 7-10 所示。

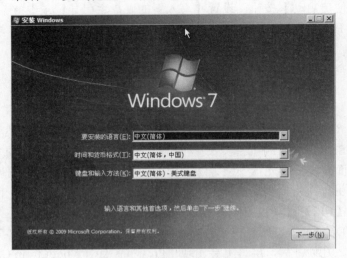

图 7-10　语言/时间/键盘选择项

（5）选择版本：由于出厂随机系统版本的不同，此处可能略有不同，直接单击【下一步】按钮即可。

（6）同意许可条款，勾选【我接受许可条款】复选框后，单击【下一步】按钮，如图 7-11 所示。

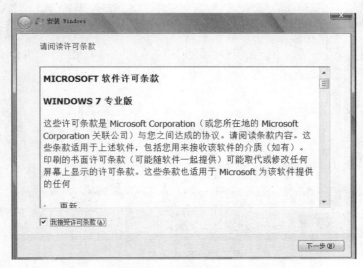

图 7-11　接受许可条款

（7）进入分区界面，单击【驱动器选项（高级）】按钮，如图 7-12 所示。

图 7-12　驱动器选项

（8）单击【新建（E）】按钮，创建分区，如图 7-13 所示。

（9）设置分区容量并单击【下一步】按钮，如图 7-14 所示。

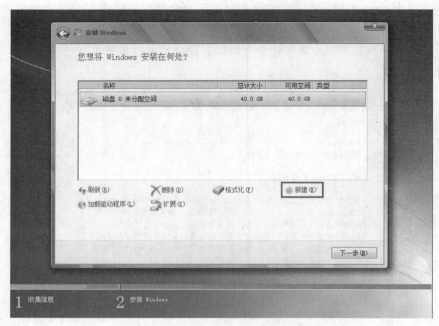

图 7-13   新建磁盘分区

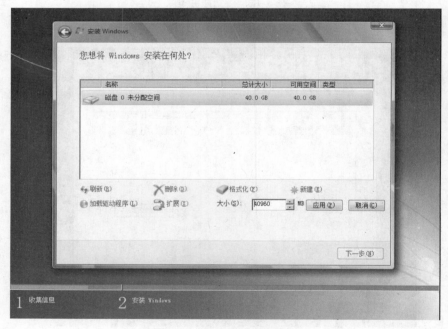

图 7-14   新建分区并格式化

（10）如果硬盘全新，或删除所有分区后重新创建新的分区，Windows 7 系统会自动生成一个 100MB 的空间用来存放 Windows 7 的启动引导文件，出现如图 7-15 所示的提示，单击【确定】按钮。

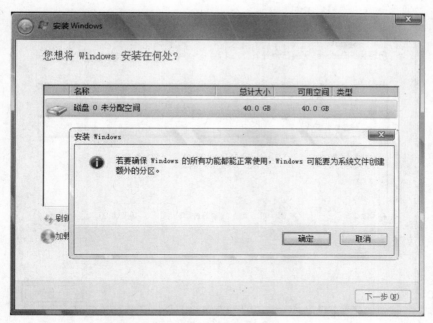

图 7-15　建立系统分区

（11）创建好 C 盘（即系统分区 2）后，这时会看到，除了创建的 C 盘外，还有一个 100MB 的空间，如图 7-16 所示。

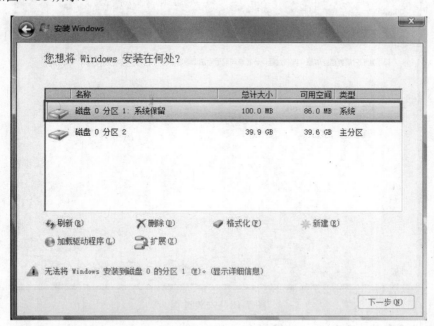

图 7-16　100MB 分区

（12）按前面的方法，将剩余的空间分配好（如果还有剩余的空间）。

（13）选择要安装系统的分区，单击【下一步】按钮，如图 7-17 所示。

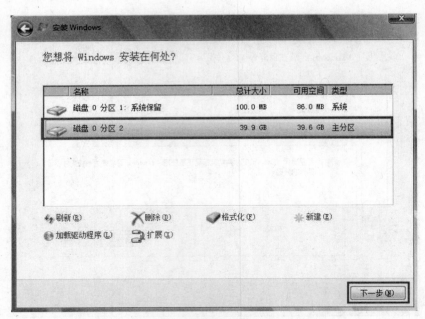

图 7-17　选择安装在何处

（14）系统开始自动安装，如图 7-18 所示。

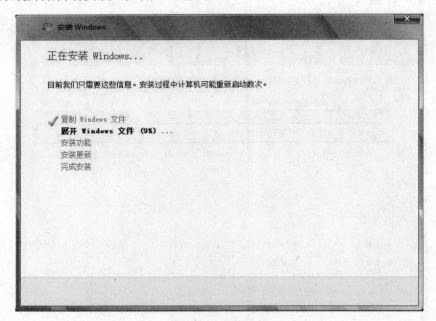

图 7-18　安装过程

（15）完成"安装更新"后，计算机会自动重启。

（16）出现 Windows 的启动界面，如图 7-19 所示，安装程序会自动继续安装。

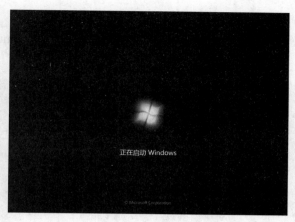

图 7-19　启动界面

（17）安装程序会再次重启并对主机进行一些检测，这些过程完全自动运行。

（18）完成检测后，会进入用户名设置界面，如图 7-20 所示。

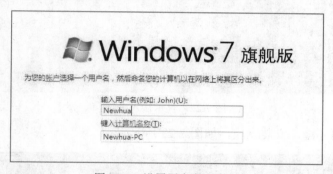

图 7-20　设置用户名和密码

（19）设置时间和日期，单击【下一步】按钮，如图 7-21 所示。

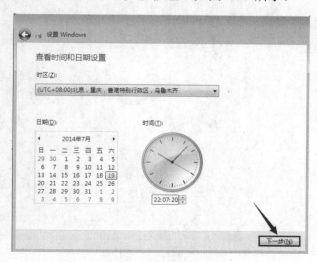

图 7-21　设置时间和日期

（20）系统完成设置后，计算机会重新启动。

（21）如果设置了密码，此时会弹出登录界面，输入密码后按【Enter】键，如图 7-22 所示。

图 7-22　提示输入密码

（22）进入桌面环境，安装完成，如图 7-23 所示。

图 7-23　安装完成

技能训练4 快速备份系统

为了避免操作系统崩溃导致数据破坏或经常重装系统的麻烦，进行操作系统备份是一种非常有价值的实用技术。操作系统的备份有许多不同的模式和技术，比较常见的模式有安装完成时的全新初始备份、阶段性的增量备份；常见的备份技术有品牌机自带的一键备份、Ghost快速备份、第三方软件一键备份、Windows 7系统自带的备份工具等。本节介绍使用Windows 7系统自带的备份工具快速备份方法。

想要使用Windows系统备份和还原功能，就必须保证系统还原功能为激活状态，默认的情况下，Windows 7都开启了系统还原功能。

（1）Windows 7系统还原的开启。Windows 7的系统还原可以按照以下步骤开启：右键单击【计算机】桌面图标，在弹出的快捷菜单中执行【属性】命令，弹出【系统】窗口，在窗口左侧单击【系统保护】链接，在弹出的对话框中单击【配置】按钮，如图7-24所示。一般情况下，系统还原都是默认开启的第一项"还原系统设置和以前版本的文件"，如图7-25所示。

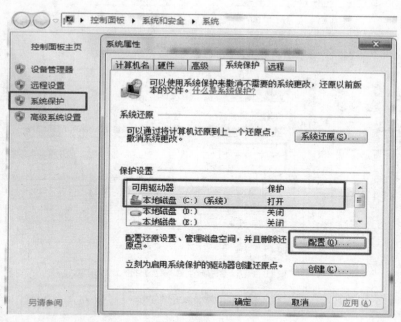

图7-24 配置系统还原

（2）Windows 7的系统还原功能会不定期地创建系统还原点，用户也可以手动创建系统还原点，操作如下：按步骤（1）的操作打开【系统属性】对话框，单击【创建】按钮，在弹出的对话框中输入还原点名称，单击【创建】按钮即可，如图7-26所示。

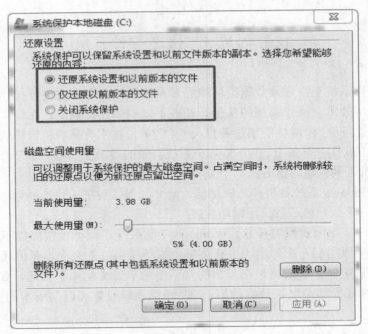

图 7-25　开启系统还原

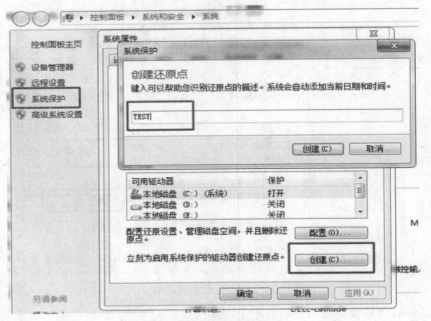

图 7-26　手动创建还原点

　　创建还原点会占用一定的 C 盘空间，建议不定期地清理不需要的还原点，只留下最近一次创建的还原点，降低系统分区的空间占用。具体操作为：右键单击 C 盘盘符，在弹出的快捷菜单中执行【属性】命令，在弹出的对话框中单击【磁盘清理】按钮，开始清理磁盘，完成后将弹出的对话框切换到【其他选项】选项卡，在【清理系统还原和卷影复制】组中单击【清理】按钮。

除了利用系统保护设置的还原点对系统进行还原以外，Windows 7 还提供了备份镜像、从镜像还原系统的功能。打开【控制面板】，在【系统和安全】类别下进入【备份和还原】项目，如图 7-27 所示。在窗口左侧可以看到【创建系统映像】和【创建系统修复光盘】两项，主区域是【设置备份】选项。

图 7-27　备份与还原

（3）创建系统映像，如图 7-28 所示，选择此项之后，Windows 会引导用户保存一份运行驱动器副本，如图 7-29 所示。建议的保存位置是另外一块移动硬盘上，而不是同一块硬盘上非系统分区内。然后确认备份设置，如图 7-30 所示，根据副本大小的不同，用时也不相同。创建完毕后，还会被提示是否创建系统修复光盘，但是所创建的映像容量往往会达到几张 DVD 的容量，因此基本没有必要创建。之后进入到目标硬盘中，可以看到一个名为"WindowsImageBackup"的文件夹，它就是备份所在。

图 7-28　选择【创建系统映像】

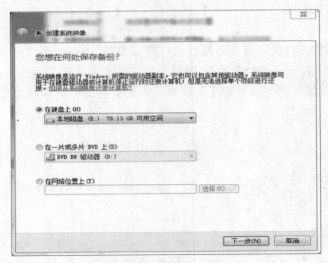

图 7-29 选择保存备份的位置

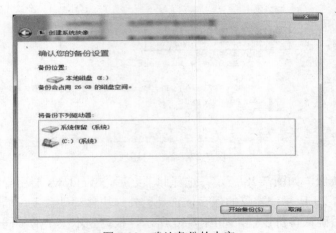

图 7-30 确认备份的内容

（4）开始备份，如图 7-31 所示，耐心等待直至完成。

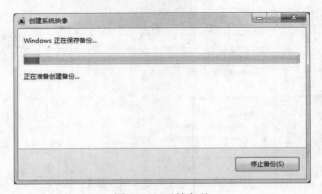

图 7-31 开始备份

技能训练 5　快速还原系统

有了备份文件或系统镜像之后，就可以采用不同的方法还原系统了。本节介绍使用
Windows 7 系统自带的工具进行快速还原的方法。注意，此方法在 Windows 7 系统完全崩溃甚
至无法进入系统的情况下，还原成功率不高。Windows 7 提供的系统还原功能，是基于还原点
的映像以及之前设置的备份进行的。以下介绍两种常见的系统还原修复方法。

1. 从还原点开始还原

（1）按照技能训练 4 中的操作进入到【系统属性】对话框的【系统保护】选项卡下，启
动系统还原，如图 7-32 所示。

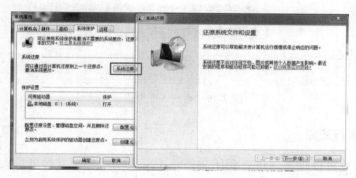

图 7-32　启动系统还原

（2）单击【下一步】按钮进入到下一个界面，如图 7-33 所示，可以看到之前创建好的还
原点。选择还原点，单击窗口右下角的【扫描受影响的程序】按钮，可以看到有哪些程序是
需要在还原之后重新安装才能使用的。

图 7-33　选择还原点，扫描受影响的程序

关闭扫描结果之后，Windows 会让用户确认选择的还原点并弹出警告，如图 7-34 所示，告知系统还原过程不能中断。单击【是】按钮之后计算机将重新启动进入还原操作，重启成功后会弹出提示，表明系统还原成功。

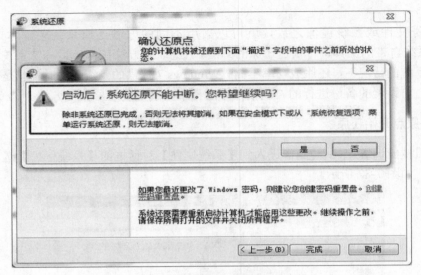

图 7-34　系统还原警告

2．利用备份进行还原

除了利用还原点可以正常地进行还原之外，还可以利用备份文件进行系统还原。首先连接好保存备份文件的移动硬盘（建议将系统备份文件保存在移动硬盘中，当然保存在其他硬盘分区也可以），然后打开【控制面板】→【系统和安全】→【备份和还原】窗口，在这里能够看到系统之前创建的备份，如图 7-35 所示。

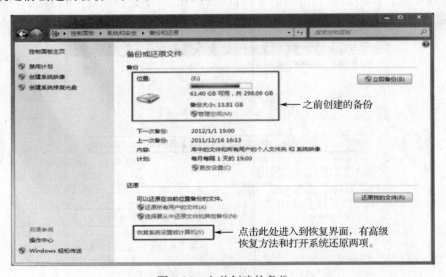

图 7-35　之前创建的备份

单击【恢复系统设置或计算机】按钮，在弹出的窗口中有【高级恢复方法】和【打开系统还原】两个选项，如图 7-36 所示。选择【高级恢复方法】之后，在弹出的窗口中又有两个选项：一是【使用之前创建的系统映像恢复计算机】，二是【重新安装 Windows】。这里选择第一项，如图 7-37 所示，然后按照向导完成相关操作即可。

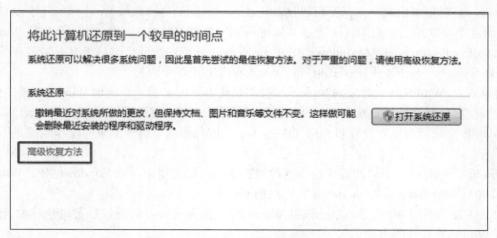

图 7-36　选择【高级恢复方法】

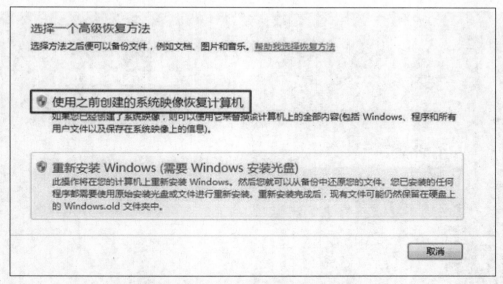

图 7-37　选择【使用之前创建的系统映像恢复计算机】

技能训练 6　系统拯救（WinPE）

当 Windows 操作系统出现致命性故障无法启动或无法进入系统的时候，重新安装系统或进行系统还原都是比较有效的选择，但在执行上述方案的时候，可能面临着痛苦的抉择：系统崩溃之前，保存在桌面上的重要数据怎么办？保存在桌面上的数据与操作系统通常都是在一起的，重新安装系统或进行系统还原，就意味着这些数据将会彻底删除。对于工作人员来说，某些工作数据的价值是难以估量的。

事实上，我们还可以有另外的选择，使用一个可以独立启动的操作系统，通过这个系统进入磁盘，重新复制出数据（甚至可以拯救无法自己启动的操作系统），这样就几乎没有后顾之忧了。这个可以独立启动的系统就是 Windows PE（简称 WinPE），WinPE 的全称是 Windows Preinstallation Environment（Windows PE），即 Windows 预安装环境，是带有有限服务的最小 Windows 子系统，基于以保护模式运行的 Windows XP 及以上内核。

简单点说，WinPE 是从对应的 Windows 操作系统中抠出来的一个迷你 Windows 操作系统，我们可以使用前面介绍的方法，将 WinPE 镜像刻录到 U 盘上，然后通过 U 盘引导启动 WinPE，通过 WinPE 系统就可以对计算机完成很多操作了（这时候就不用管原来的操作系统是不是还能用了）。

WinPE 一般有基于不同的操作系统内核的版本，实际使用中，以 Windows XP、Windows Server 2003、Windows 7、Windows 8 为内核的 PE 最多。

如图 7-38 至图 7-40 所示，是一款以 Windows 7 为内核的，刻录到 U 盘并执行 U 盘引导启动的 WinPE 操作步骤界面。

关于 WinPE 的具体使用，还请读者自行多加练习。

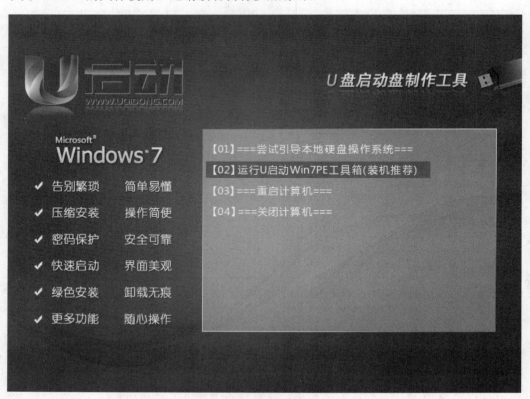

图 7-38　选择功能

图 7-39 Windows 7 PE 启动界面

图 7-40 Windows 7 PE 系统桌面

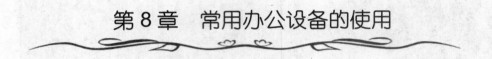

第8章　常用办公设备的使用

技能训练1　打印机设置与使用

在办公室中，多人共用一台打印机的情况十分常见，通常是将打印机设置为共享的，这样办公室中的每个人都可以通过自己的电脑直接向打印机发送打印指令了。下面介绍 Windows 7 系统下共享打印机和访问共享打印机的操作步骤。

1．取消禁用 Guest 用户

（1）单击【开始】按钮，在【计算机】图标上单击鼠标右键，在弹出的快捷菜单中执行【管理】命令，如图8-1 所示。

图 8-1　管理计算机

（2）在弹出的【计算机管理】窗口中找到 Guest 用户，如图8-2 所示。

（3）双击 Guest，打开【Guest 属性】窗口，确保【账户已禁用】复选框没有被勾选（如图8-3 所示）。

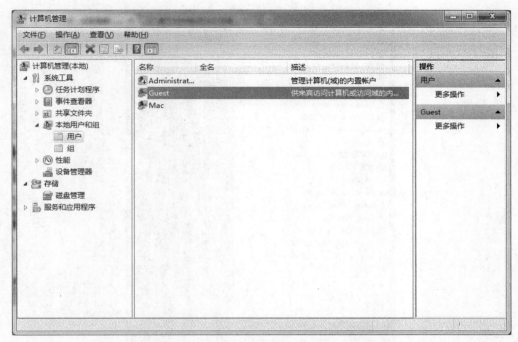

图 8-2　查找 Guest 用户

图 8-3　Guest 用户属性设置

2．共享目标打印机

（1）单击【开始】按钮，执行【设备和打印机】命令，如图 8-4 所示。

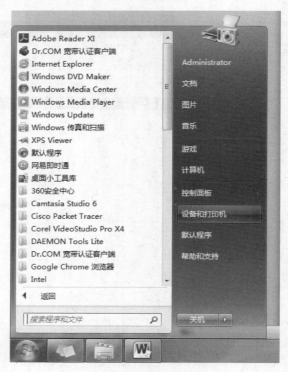

图 8-4　设备和打印机

（2）在弹出的窗口中找到想要共享的打印机（前提是该打印机已正确连接，驱动已正确安装），在该打印机图标上单击鼠标右键，执行【打印机属性】命令，如图 8-5 所示。

图 8-5　打印机属性

（3）将弹出的对话框切换到【共享】选项卡，勾选【共享这台打印机】复选框，并且设置一个共享名（请记住该共享名，后面的设置可能会用到），如图8-6所示。

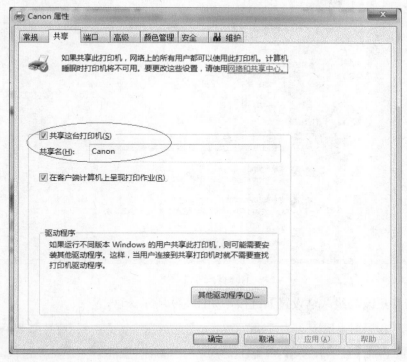

图8-6　打印机共享设置

3．进行高级共享设置

（1）在系统托盘的网络连接图标上单击鼠标右键，执行【打开网络和共享中心】命令，如图8-7所示。

图8-7　打开网络和共享中心

（2）记住所处的网络类型（比如"工作网络"），接着在弹出的窗口中单击【选择家庭组和共享选项】链接，如图8-8所示。

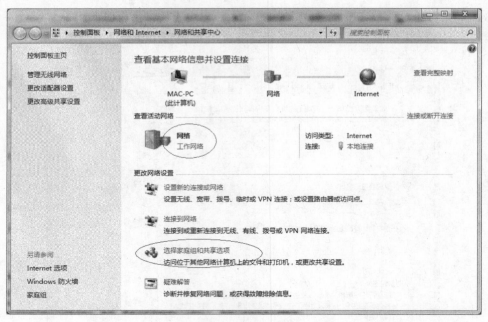

图 8-8　网络设置

（3）单击【更改高级共享设置】链接，如图 8-9 所示。

图 8-9　更改高级共享设置

（4）如果是家庭或工作网络，【更改高级共享设置】的具体设置可参考图 8-10，其中的关键选项已经圈出，设置完成后不要忘记保存修改。

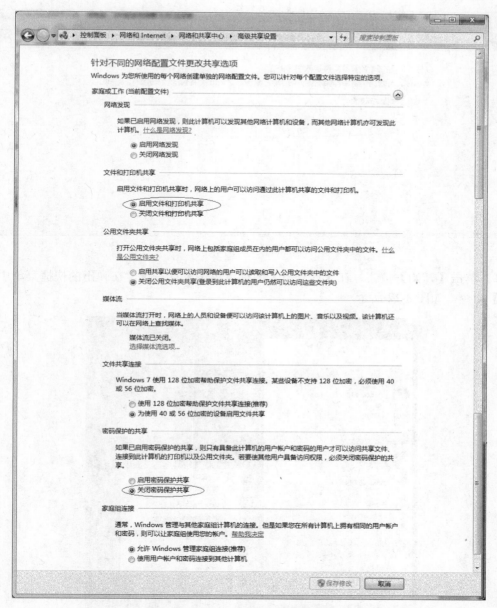

图 8-10　高级共享设置参数

注意：如果是公共网络，具体设置和上面的情况类似，但相应地应该设置【公用】下面的选项，而不是【家庭或工作】下面的选项，如图 8-11 所示。

4．设置工作组

在添加目标打印机之前，首先要确定局域网内的计算机是否都处于一个工作组，具体过程如下。

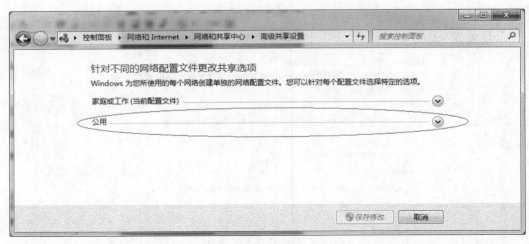

图 8-11 公用网络

（1）单击【开始】按钮，在【计算机】图标上单击鼠标右键，在弹出的快捷菜单中执行【属性】命令，如图 8-12 所示。

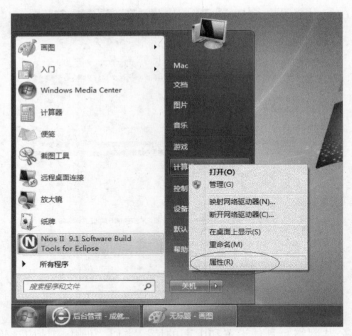

图 8-12 计算机属性

（2）在弹出的窗口中找到工作组，如果计算机的工作组设置不一致，请单击【更改设置】按钮；如果一致可以直接退出，跳到第 5 步（Windows 系统如果没有特殊设置，默认的工作组都是 WORKGROUP，如图 8-13 所示）。

注意： 请记住计算机名，后面的设置会用到。

图 8-13 查看计算机属性信息

（3）如果处于不同的工作组，可以在此窗口中进行设置，如图 8-14 所示。

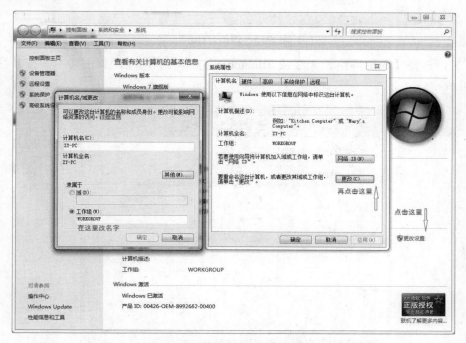

图 8-14 更改工作组设置

注意：此设置要在重启后才能生效，所以在设置完成后不要忘记重启计算机，使设置生效。

5．在其他计算机上添加目标打印机

此步操作是在局域网内的其他需要共享打印机的计算机上进行的，其目的是使同一个局域网内的计算机可以直接调用共享后的打印机。

添加的方法有多种，但是首先都是进入【控制面板】，打开【设备和打印机】窗口，并单击【添加打印机】按钮，如图 8-15 所示。

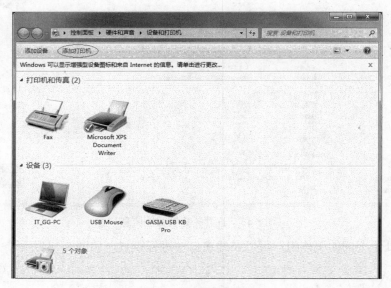

图 8-15　添加打印机

接下来，选择【添加网络、无线或 Bluetooth 打印机】选项，单击【下一步】按钮，如图 8-16 所示。

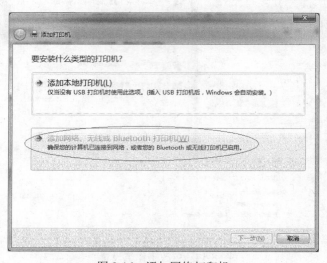

图 8-16　添加网络打印机

单击【下一步】按钮之后，系统会自动搜索可用的打印机。

如果前面的几步设置都正确的话，那么只要耐心等待，一般系统都能找到，接下来只需跟着提示一步步操作即可。

如果耐心地等待后系统还是找不到所需要的打印机也不要紧，也可以单击【我需要的打印机不在列表中】链接，如图 8-17 所示。

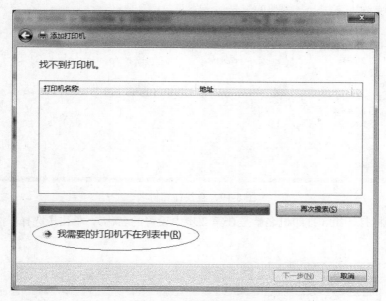

图 8-17　找不到打印机

（1）选中【浏览打印机】单击按钮，单击【下一步】按钮，如图 8-18 所示。

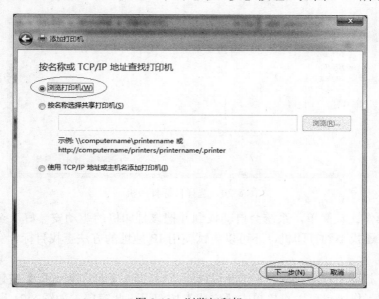

图 8-18　浏览打印机

（2）找到连接着打印机的计算机，如图 8-19 所示，双击进入。

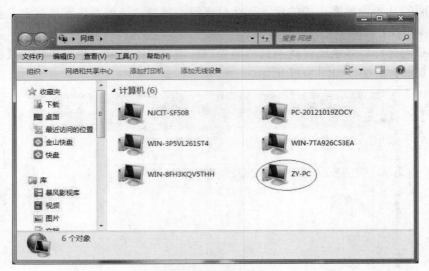

图 8-19　查找计算机名

（3）选择目标打印机（打印机名就是在第 2 步中设置的名称），单击【选择】按钮，如图 8-20 所示。

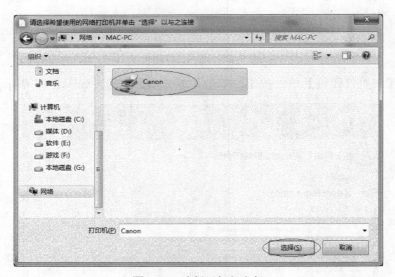

图 8-20　选择目标打印机

接下来的操作比较简单，系统会自动找到并把该打印机的驱动安装好。至此，打印机已成功添加（如果还找不到打印机，还可以尝试使用 IP 地址的方法查找目标计算机，在此不再赘述）。

（4）至此，打印机已添加完毕，如有需要用户可单击【打印测试页】按钮，测试一下打印机是否能正常工作，也可以直接单击【完成】按钮退出此窗口，如图 8-21 所示。

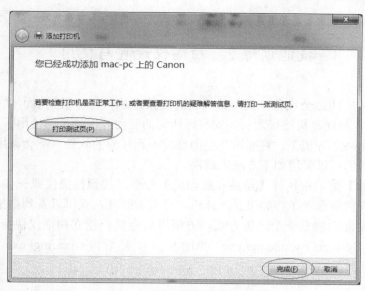

图 8-21　打印测试页

成功添加后，在【控制面板】的【设备和打印机】窗口中，可以看到新添加的打印机，如图 8-22 所示。

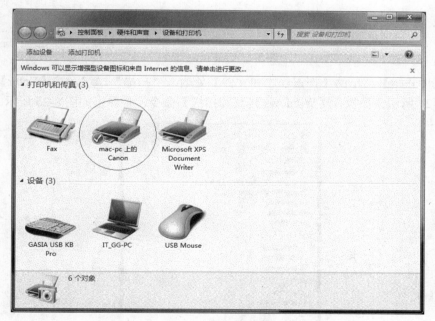

图 8-22　完成共享设置

至此，整个过程均已完成。

注意：如果在第 4 步的设置中无法成功，那么很有可能是防护软件的问题，可对防护软件进行相应的设置或把防护软件关闭后再尝试添加。

技能训练 2　扫描仪设置与使用

　　扫描仪也是常用的办公设备，其与计算机的连接方法与打印机类似，现在的扫描仪几乎都是 USB 接口的，与计算机连接之后，安装好匹配的驱动程序就可以使用了。

　　但是在 Windows 7 环境下，有些用户会面临找不到对应的软件、不会调用扫描仪的问题，针对这种情况，我们可以采用如下方法来解决。

　　（1）在【开始】菜单中执行【设备和打印机】命令，找到扫描仪或一体机，就可以看到开始扫描、扫描属性等选项了。如果是一体机，可双击打开，就可以看到扫描仪操作了。

　　（2）直接在桌面上建立一个快捷方式，方便以后查找。建立扫描仪快捷方式的方法为：找到 C:\Windows\System32\wiaacmgr.exe（见图 8-23），然后将 wiaacmgr.exe 发送到桌面快捷方式即可。

图 8-23　wiaacmgr.exe

　　（3）在【开始】菜单的【搜索程序和文件】处输入"扫描"二字，按【Enter】键确认，结果如图 8-24 所示。如执行【Windows 传真和扫描】命令，将弹出如图 8-25 所示的窗口。

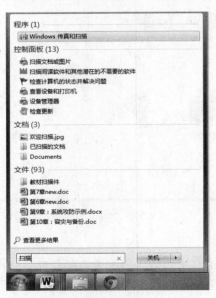

图 8-24　搜索"扫描"

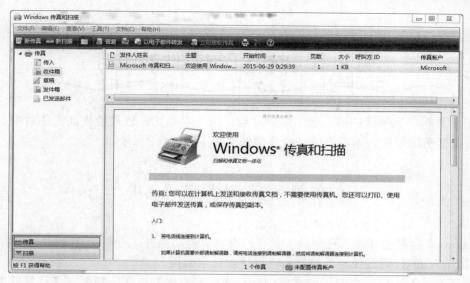

图 8-25 【Windows 传真和扫描】窗口

第9章 常用工具软件的使用

常用工具软件会帮我们解决很多实际问题，用好实用工具软件能提高工作效率，提升工作效果，降低劳动强度。本章介绍一些典型的常用工具软件。

技能训练1 计算器的使用

Windows 7自带的计算器程序除了具有标准计算器功能外，还集成了编程计算器、科学型计算器等高级功能，通过使用计算器，可以计算日常数据。

单击【开始】按钮，在弹出的菜单中执行【所有程序】→【附件】→【计算器】命令，即可弹出【计算器】窗口，如图9-1所示。

计算器从类型上可分为标准型、科学型、程序员类型等。

（1）标准型：默认情况下，计算器软件打开时显示的是标准型界面，包括加、减、乘、除等常规运算。

（2）科学型：使用科学型计算器主要进行复杂的运算。执行【查看】→【科学型】菜单命令，即可打开科学型计算器界面，如图9-2所示。

图9-1 【计算器】窗口

图9-2 科学型计算器界面

（3）程序员：主要用于程序员编程时进行进制之间的转换。

技能训练2 远程桌面连接

如果经常在网络中的计算机之间相互访问和操作，使用远程桌面连接会方便许多。可以实现远程桌面控制的软件有很多，QQ的远程协助就是一个比较常见的例子。

如果想使自己的计算机可以被远程访问到，需要开启"远程桌面"功能（注意，基于安全的考虑，远程桌面功能在 Windows 7 中是默认不开启的，开启远程桌面确实会带来一定的风险因素）。开启的方法是：鼠标右键单击桌面的【计算机】图标，如图 9-3 所示，在弹出的快捷菜单中执行【属性】命令，将弹出的对话框切换到【远程】选项卡，按照如图 9-4 所示进行设置。开启了远程桌面的计算机就可以在能够访问到它的其他计算机上被访问了。

图 9-3　配置系统属性

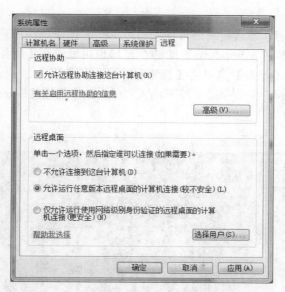

图 9-4　开启远程桌面

Windows 7 自带的远程桌面连接程序也在【附件】中，打开【远程桌面连接】窗口（如图 9-5 所示），单击窗口下方的【显示选项】按钮将窗口展开，如图 9-6 所示。通常在【常规】选项卡中输入需要访问的计算机的 IP 地址（也可用机器名，但不如 IP 地址定位方便）和登录密码。也可以在【本地资源】选项卡中单击【本地设备和资源】下面的【详细信息】按钮，在弹出的对话框中勾选本地的端口、磁盘等复选框，这样就能方便地在本地计算机和远程计算机之间传输数据或使用设备了。

图 9-5　常规连接

图 9-6　配置【本地资源】选项卡

技能训练 3　命 令 窗 口

资深的计算机使用者（尤其是网络管理人员或 Linux 操作系统用户）比较喜欢使用命令窗口来完成一些系统底层操作，Windows 7 的命令窗口也可通过在【附件】子菜单中执行【命令提示符】命令（也可在【开始】菜单的【搜索程序和文件】输入框输入"cmd"，按【Enter】键）调出，如图 9-7 所示。在命令提示符下输入"regedit"再按【Enter】键，即可调出"注册表编辑器"。

图 9-7　【命令】窗口

其他一些常见的命令还包括：

（1）ping +远程主机的 IP 地址　用于测试网络连接是否畅通；

（2）ipconfig/all 　　　　　用于显示当前的 TCP/IP 配置（可以查看本机的 IP 地址）；
（3）notepad 　　　　　用于打开记事本程序；
（4）tsshutdn 　　　　　60 秒倒计时关机命令；
（5）mstsc 　　　　　用于调出远程桌面连接程序。

技能训练 4　截 图 技 术

图文结合的文档能够很好地展示内容，也是写作的时候常用的表达形式，有些长文档（比如本书）需要大量的图片，这些图片都需要从屏幕上进行截取，良好的截图技术可以保证图片的质量。截图可以使用专用的截屏软件，这一类软件网上可以下载到，也可以使用操作系统自带的截图工具来完成。Windows 7 系统中常用的截屏软件有"画图"程序和"截图工具"，QQ 截图也是不错的工具，下面分别介绍相关的操作。

1．截取静态图片

截取静态图片使用 Windows 7 中的"截图工具"或使用 QQ 截屏功能都能比较容易地实现，相对来说，"截图工具"功能更多一些。

执行【开始】→【附件】→【截图工具】命令，打开如图 9-8 所示的窗口。新建截图提供 4 种选项，比较常用的是矩形截图和窗口截图，其中窗口截图可以自动侦测窗口，并进行精确选择，比人工定位窗口效果要好得多。

如果想放弃截图，按【Esc】键即可。

截图完毕之后，如果想对截取的图片进行标注，可以打开【工具】菜单，其中有颜色笔、荧光笔、橡皮擦等工具可供使用，其效果如图 9-9 所示。

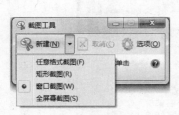

图 9-8　截图工具　　　　　　　　　　　　图 9-9　截图窗口选项

相比而言，"截图工具"提供的标注选项和方式不如 QQ 截屏（如图 9-10 所示）多。

图 9-10　QQ 截屏

2. 截取动态操作界面

有些动态操作，如下拉列表框、下拉菜单，想进行截图保存，达到如图 9-8 或图 9-9 的效果，这时采用静态截图技术会有些麻烦，因为菜单不会等着被截取而不动，当选择截图功能的时候，这些菜单会自动收缩起来，那这些图怎么截取呢？

这个时候采取的方法是：当这些动态菜单显示出来定住不动的时候，不要操作鼠标，直接按键盘上面的【PrintScreen】键（台式机键盘上一般标注为"PrtScrn"，笔记本电脑上可能标注的是"PrtSc"），这个键的功能是直接抓取全屏，然后打开"画图"程序，单击【粘贴】按钮，如图 9-11 所示，整个屏幕都会以图片的形式截取过来（动态菜单当然也带过来了）。然后使用"画图程序"的"裁剪"功能，或者使用"截图工具"再截取此静止画面都是可以的。

图 9-11　"画图"粘贴截屏

也有一些截图工具软件提供了截取动态操作界面的功能，大家可以根据需要使用。

技能训练5 绘图软件

有些图形可能需要自己动手去绘制才能更好地达到目的，可以根据不同的精度去选取不同的软件，对操作者的要求也是完全不一样的。如要绘制建筑图或工程图，这就要求绘制人员必须精通本行业的技术，所使用的绘图工具也一定是非常专业的，如 AutoCAD。但如果没有经过专业训练的人员想绘制出漂亮的图形或图纸怎么办呢？虽然 Word 也提供一些绘图功能，但是如果想绘制一个比较复杂的项目图，使用 Word 操作将非常烦琐。事实上，有一些软件不需要有太专业的技术背景，给用户提供了非常丰富的模板，用户进行一些简单操作就能绘制出精美的图形。

微软有一款 Microsoft Visio 软件，如图 9-12 所示，其在绘图功能方面比 Word 强大很多，但是它需要单独安装。

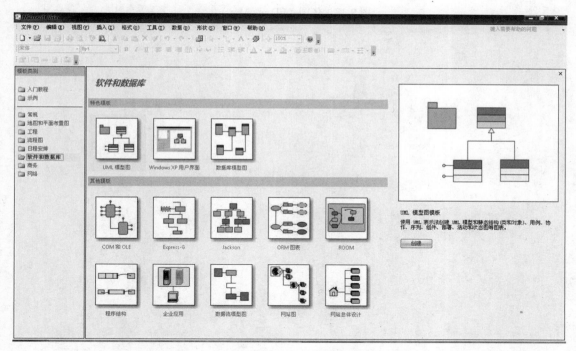

图 9-12　Microsoft Visio

另外，还有一款软件——亿图图示专家（EDraw Max），如图 9-13 所示，在功能和模板库方面，也提供了极其丰富的类型，普通用户可以使用它快速绘制出精美的图形。由于该软件操作比较简单，在此就不再赘述了，感兴趣的读者可自行练习。

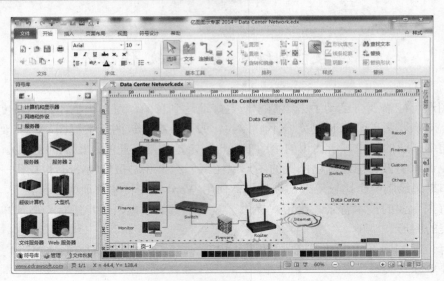

图 9-13　亿图（EDraw Max）

第 10 章　网络空间安全

技能训练 1　网络空间创建与使用

现在网络（云）技术的应用越来越普及，许多网站都可以为用户提供丰富的网络（云）空间，并且都是免费的，用户只需申请该空间就可以使用了，比较常见的有百度云盘（如图 10-1 所示）等，用户只要注册了百度账户，就可以免费获取百度云盘一定的空间容量。百度云盘通常有 3 种访问方式（如图 10-2 至 10-4 所示），分别是网页版、PC 客户端版和手机客户端版（当然基于不同平台下还可以细分成更多的种类），如图 10-1 所示。

图 10-1　百度网盘客户端版本

图 10-2　百度网盘网页访问模式

图 10-3　百度网盘 PC 客户端访问模式

图 10-4　百度网盘手机客户端访问模式

　　通过这种网络空间，用户可以轻松将自己的文件上传到网络中，并可跨终端随时随地查看和分享。

技能训练 2　信息安全保护

在当前网络与信息技术如此普及的时代，无论是个人、企业甚至是国家都无时无刻不面临着信息安全的风险。个人隐私信息泄露，资金账号被窃取，企业核心资料被盗，国家秘密被盗，重大信息系统被攻破等，都要求我们对信息安全要极其重视。

当前时代信息安全的保护，依赖于法律层面、意识层面和技术层面等各方面的全面配套和提高。信息安全对信息系统的安全程度要求很高，所谓"千里之堤溃于蚁穴"，任何一个小的纰漏都可能导致整个系统的安全防护失效。在实际应用中，实际上很难做到一个完全没有任何漏洞的系统，无论从技术角度还是成本角度都是极难实现的。

现实应用中，根据不同的标准，信息安全系统是按等级进行划分的。我国将信息安全系统的防护等级划分为 5 级，具体标准可参照中华人民共和国国家标准 GB/T 22239—2008，《信息安全技术　信息系统安全等级保护基本要求》。

从个人角度来说，如果想更好地保护自己的信息安全，需要重点从两个方面入手：一是提高信息安全意识，这是最重要的；二是掌握一些信息安全技术。

在实际应用中，我们常用到的技术包括以下几个方面。

1．木马文件和病毒查杀

具体操作如图 10-5 至图 10-7 所示（包含电脑和手机不同的平台）。

图 10-5　查杀木马

图 10-6　查杀病毒

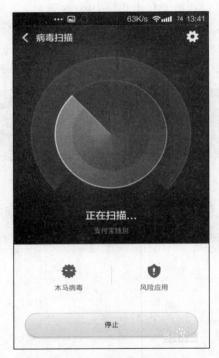

图 10-7　手机安全扫描

2．系统防护设置

开启系统防火墙或第三方软件防火墙，对系统进行全方位防护，如图 10-8 所示。

图 10-8　系统防护设置

3．密码保护技术

包含设置强密码、手势密码，设定密保问题、使用验证码等，如图 10-9 至图 10-12 所示。

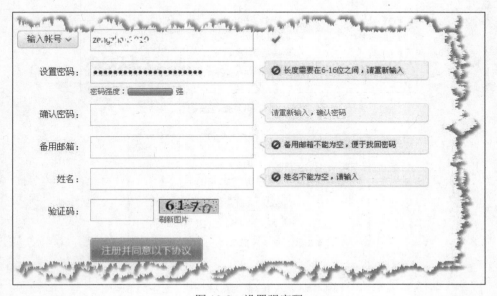

图 10-9　设置强密码

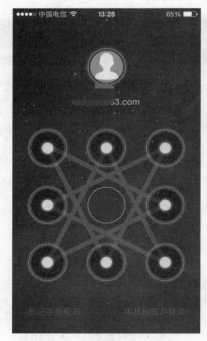

图 10-10　手势密码

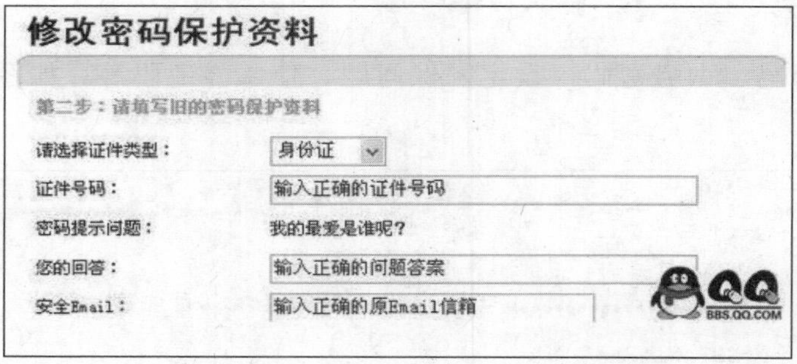

修改密码保护资料

第二步：请填写旧的密码保护资料

请选择证件类型：	身份证
证件号码：	输入正确的证件号码
密码提示问题：	我的最爱是谁呢？
您的回答：	输入正确的问题答案
安全Email：	输入正确的原Email信箱

图 10-11　QQ 密码保护

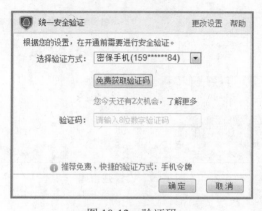

图 10-12　验证码

4．安全令牌

有些设备或软件产品，提供一种加密令牌保护技术，令牌由单独的软件生成，进行动态运算，系统登录的时候提示使用令牌进行校验（如图 10-13 所示），可以极大地提高系统的安全性。

图 10-13　安全令牌

5．硬件加密手段

硬件加密手段中，个人比较常用的是网银的 U 盾等设备，如图 10-14 和图 10-15 所示。

图 10-14　网银 U 盾

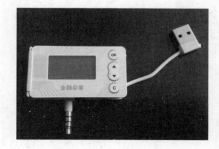

图 10-15　多功能 U 盾

技能训练 3　信息安全自我校验

自己的信息安全是否得到保障，是否有良好的信息安全习惯，可以采用下列自问自答的方式进行自我校验。

（1）杀毒软件使用方面自查：

□ 你的电脑或手机曾经中过病毒吗？

□ 你的计算机有安装性能优良的杀毒软件吗？

□ 是否保证了杀毒软件的病毒库一直是最新的？

□ 你是否有规律地进行了杀毒软件的全盘扫描工作（如每隔半个月就进行一次全盘扫描）？

（2）防火墙设置方面自查：

□ 你的计算机有设置防火墙系统吗？

□ 如果使用的是软件防火墙，你是否开启了全部防护功能？

（3）密码保护方面自查：

□ 你是否有过密码被盗的经历？

□ 你对各种账号有设置强密码吗？

□ 你有申请密码保护或使用密保设备吗？

□ 你有经常修改密码吗？

□ 你有使用密码保护软件吗？

（4）间谍软件防护方面自查：

□ 你有监测计算机系统运行状态的习惯吗？

□ 你有经常对计算机系统全盘扫描木马的习惯吗？

（5）数据安全方面自查：

□ 你在数据共享给别人的时候，有注意设置修改权限吗？

□ 你有经常对重要数据进行备份的习惯吗？